JN002183

第4の革命 カーボンゼロ

日本経済新聞社——[編]

日本経済新聞出版

THE 4th REVOLUTION

CARBON ZERO

まえがき

『第4の革命　カーボンゼロ』は、２０２1年1月から23年6月まで日本経済新聞に掲載した同名の連載を書籍化したものです。20年10月、菅義偉首相（当時）が温暖化ガス排出を実質ゼロにする方針を掲げたことを受け、連載は始まりました。

新型コロナウイルス対応への批判もあって菅氏は退陣し、21年10月に岸田文雄氏が首相に就きました。気候変動問題の優先度は下がりました。22年2月にはロシアがウクライナに侵攻し、国内では「脱炭素どころではない」との主張が広がりました。

いまこそ「なぜ日本が『カーボンゼロ』を実現するのか」を確認したいと思います。当然、地球温暖化を食い止めるのに大気中の二酸化炭素を減らさなければいけないからですが、日本の排出量は世界の3％にすぎません。「日本がゼロにしても大勢に影響がない」と考える人にどう説明すればよいでしょうか。

米国、欧州、日本などの先進国は世界に先駆けて化石燃料を燃やして工業化を実現し、豊かになりましたが、同時に温暖化も起こしました。問題は温暖化の負の影響が原因をつくった豊かな国ではなく、アジア・アフリカなど途上国に集中的に現れることです。これが気候正義（クライメート・ジャスティス）の問題で、豊かな国は気候変動に対応する義務があるとされる根拠になっています。

もう一つは気候変動問題を解決するにはいまある技術だけでは難しく、イノベーションが欠かせないことです。世界のイノベーションのほとんどは科学技術が発展した先進国で起こっています。気候変動は豊かな国が本気で取り組まなければとても解決できない問題なのです。「世界の二酸化炭素の3割は中国が排出している。日本がゼロにしても意味がない」という議論も聞きます。日本が排出ゼロを実現しなければ、中国にも排出削減を迫ることはできません。中国は人口が多く、1人あたりの排出量は先進国を下回ります。中国の排出量が多いのは、米欧日が工場を移転した結果でもあります。

温暖化により日本でも熱波と洪水が頻発しています。国内の損害保険会社は火災保険で赤字を出し、保険料を上げています。今後、海面上昇と高潮で大都市の沿岸部でも浸水被害が広がります。ふつうの日本人が気候変動の痛みをリアルに感じる日はすぐそこまで来ています。

我々は何をすればよいでしょうか。答えは出ています。まずは再生可能エネルギーを限界まで導入することです。そのために必要な投資は惜しまない。邪魔な規制はなくす。日本は周回遅れです。まず動くことが「カーボンゼロ」への道を拓きます。本書がはじめの一歩を後押しするきっかけになればと願っています。

本連載のインタビューは、書籍への収録を許諾いただいた方のみ載せました。また、本文中の肩書きや為替レートなどは記事掲載時点としました。ただし、インタビューで本人から申し出があった場合、現在の肩書などに変更しています。

2023年8月

日本経済新聞社

第4の革命　カーボンゼロ　目次

第1章　カーボンゼロを競う

第2章　大電化時代

第3章 Hを制する 087

第4章 GXの衝撃 119

第8章 試練の先に

第9章 再エネテックの波

第1章

第4の革命
カーボンゼロ

THE 4TH
REVOLUTION
CARBON ZERO

カーボンゼロを競う

大気中に蓄積する温暖化ガスの量は、この50年間で2倍以上に増えた。
地球温暖化を食い止めるのには、
排出量と吸収量を同じにする実質ゼロまで減らす必要がある。
人類史において農業、産業、情報に次ぐ「第4の革命」カーボンゼロ。
日本を含むほとんどの先進国は2050年の実現を目標に掲げたが、
その道のりは平たんではない。
企業の盛衰や国家の命運をも左右する脱炭素の奔流に迫る。

1

脱炭素の主役を世界が競う
——日米欧中で動く8500兆円、排出削減特許は日本がなお先行

(2021年1月1日)

世界がカーボンゼロを競い始めた。日本も2050年までに二酸化炭素（CO_2）など温暖化ガスの排出を実質ゼロにすると宣言した。化石燃料で発展してきた人類史の歯車は逆回転し、エネルギーの主役も交代する。農業、産業、情報に次ぐ「第4の革命」を追う。

中国最大級の太陽光発電基地、ダラト太陽光発電所（内モンゴル自治区オルドス市）

価値を生む砂漠

生き物の気配がしない氷点下10度の砂地にかすかな金属音が響く。ギギ、ギギ、ギギ。発電パネルが光を追う。北京から西へ700キロ、中国最大級のダラト太陽光発電所だ。

完成時には広さ67平方キロメートルと山手線の内側に匹敵し、原発2基分の200万キロワットの発電能力を備える。コストは1キロワット時で4円強と日本の太陽光の3分の1を下回る。立地する内モンゴル自治区オルドス市は半分が砂で覆われ、黄砂の発生源でもある。発電所を管理する庫布斉砂漠林業の王海峰・副総経理は「砂漠に経済

を求め、黄砂の地で価値を生む」と話す。

世界の太陽光の発電量に占める中国の比率は２０１０年の２%から18年に32%まで急上昇した。世界で新設される設備の４割は中国だ。習近平（シー・ジンピン）国家主席が２０２０年9月にCO_2の「60年ゼロ」を表明すると投資はさらに過熱した。太陽光パネルを作るガラスが足らず、パネル大手６社がガラス不足の解消を政府に陳情した。

太陽光パネルはジンコソーラーなど中国勢が世界上位を独占する。日本市場も13年は国内製品が7割だったが、19年は中国など海外製品が6割を占めた。巨大な内需を背景に中国は価格競争力をさらに高めつつある。

カーボンゼロの奔流が世界を動かす。国連環境計画によると、２０２０年時点で世界の3分の2にあたる１２６の国・地域がCO_2など温暖化ガスの実質ゼロを表明した。米国も追随すれば、温暖化ガス排出量で世界の63%の国・地域がゼロを約束する。

50年までのカーボンゼロは世界の気温上昇を１・５度に抑えるのに必要な温暖化ガス削減の道筋だ。気温は産業革命後、約1度上がった。このままでは30〜50年に上昇幅が１・５度になる。相次ぐ熱波や洪水、山火事が地球の異変を告げる。

CO_2を吸い岩に

世界の企業はCO_2を減らす新技術でしのぎを削る。アイスランド南西部のヘッドリスヘイディ。火山の熱で発電する地熱発電所の脇で世界初の工事が進む。春には直径が約1メートルの吸気ファンを24

基備えた装置を4つ備えつける。大気中のCO_2を吸い込み、地下2千メートルで岩に変える。

吸い込んだ空気からCO_2だけを特殊フィルターで吸着する。CO_2は水に溶かし、地下の鉱物と反応させて固める。9割以上のCO_2を半永久的にとじ込め、漏れる恐れも小さいという。事業をてがけるクライムワークス（スイス）の創業者、ヤン・ブルツバッハ氏は「大規模なCO_2除去が可能かつ必要ということを証明する」と意気込む。

日本にも潜在力はある。知的財産分析のアスタミューゼ（東京・千代田）によると、18年のCO_2排出削減の国外出願特許で日本は約1万5000件と2位の米国の1・7倍ある。09年から10年連続の首位だ。各国が関心を寄せる水素関連の特許でも、日本は2位グループの韓国や米国、ドイツを引き離し、01年から首位が続く。

巨大装置で大気中のCO_2を回収（アイスランド）＝クライムワークス提供

「太陽光だけで走れる車をめざす」。シャープの高本達也・化合物事業推進部長は話す。開発中の新型太陽電池は薄くて軽く、太陽光を電気に変換する効率も30％を超す。プラグインハイブリッド車にのせると1日の充電分で56キロ走る計算だ。ガソリンも充電もいらない車が視野に入る。

横浜市の三菱ケミカルの研究所。光触媒で水を分解して取り出した水素をCO_2と反応させ、プラスチックや化学繊維の原料をつくる実験が進む。あたかも植物の光合成のようにCO_2を「消費する」試みだ。

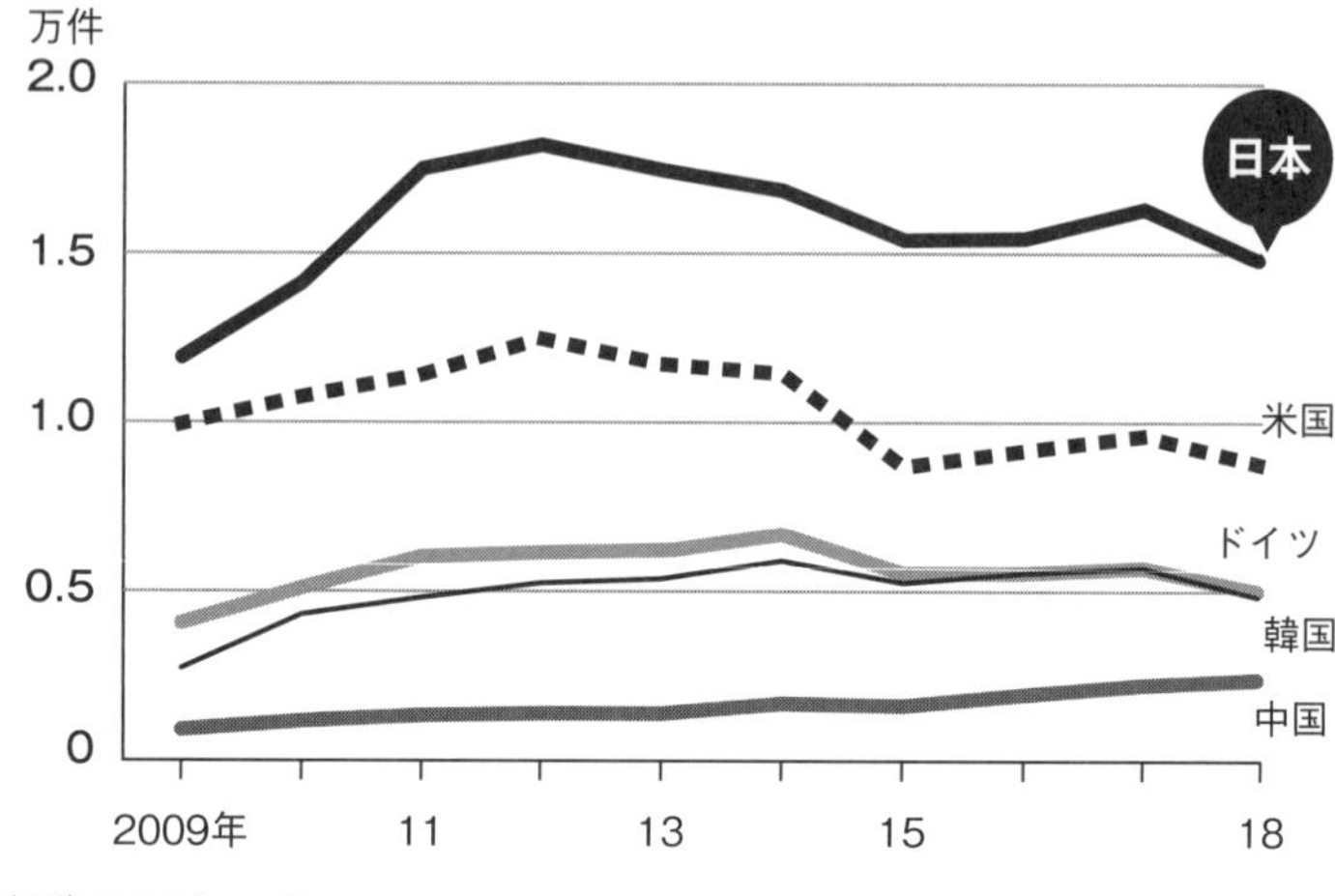

（出所）アスタミューゼ

水に浸した白いシート状の触媒に光をあてると、電気なしで水を水素と酸素に分解する。複数の化学大手と東大や信州大などが共同開発しており、三菱ケミの瀬戸山亨エグゼクティブフェローは「CO_2を資源にする技術だ」と話す。

日本、米国、欧州連合（EU）、中国の公的機関や有力大学の試算を集計してみた。カーボンゼロには21～50年に4地域だけでエネルギー、運輸、産業、建物に計8500兆円もの投資がいる。海外の技術や製品に依存して単なるコスト負担になるか、市場として取り込んで経済成長につなげるかで、国家や企業の命運が左右される。

人類は18世紀の農業革命で穀物生産を伸ばし、産業革命では工業生産を飛躍的に増やした。20世紀末の情報革命は社会をデジタル化し、経済や雇用の姿も変えた。カーボンゼロは人類の営みでこれまで増え続けたCO_2を一転して減らす革命で、世界の産業や暮らしのあり方も塗り替わる。

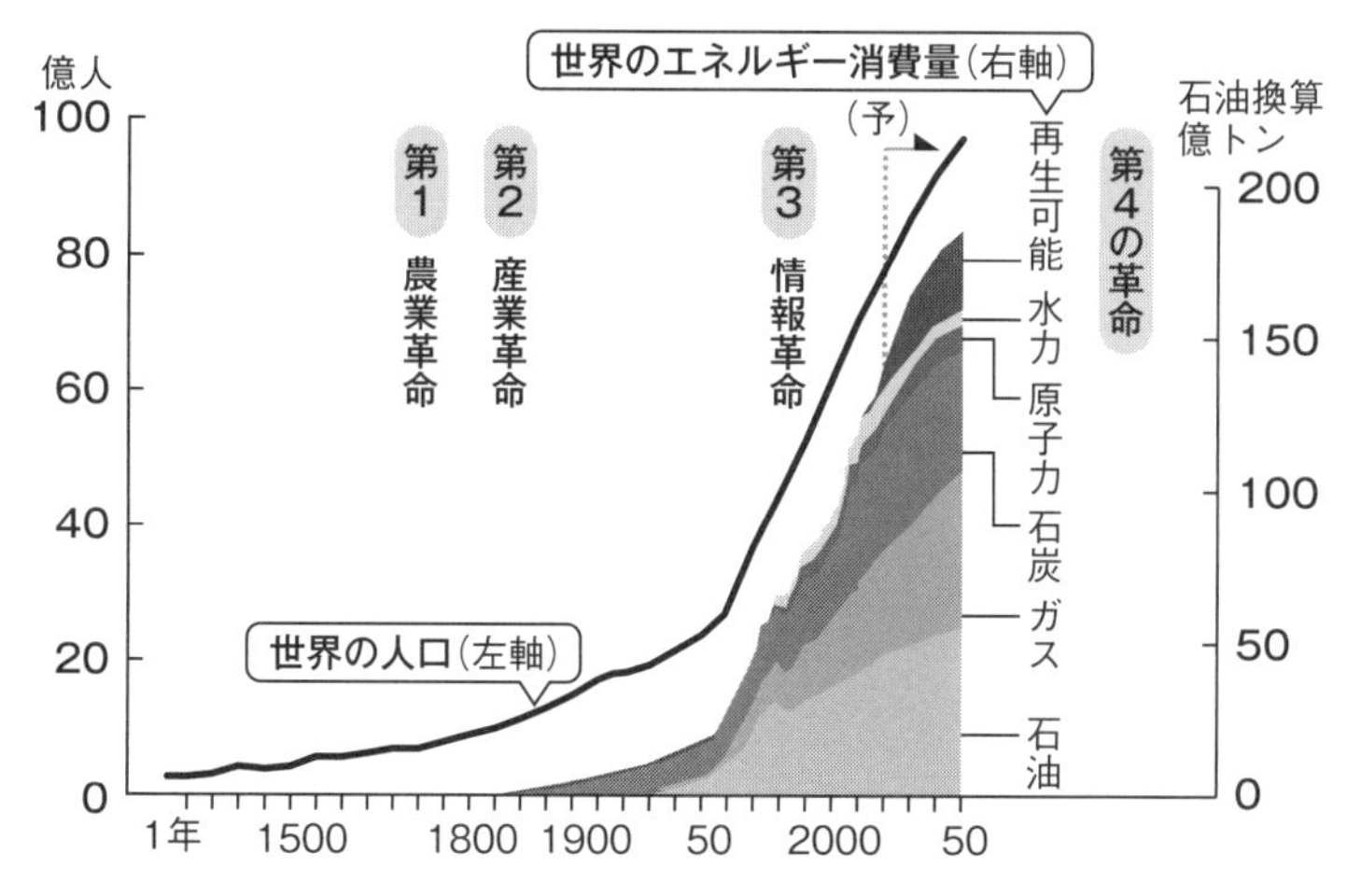

（出所）BP、国連、資源エネルギー庁、予測は日本エネルギー経済研究所で現状を維持した場合

カーボンゼロは総力戦になる。菅義偉首相が「50年に温暖化ガスの排出を実質ゼロにする」と宣言し、日本もようやく官民が足並みをそろえた。第4の革命はその復権をかけた挑戦の舞台になる。

インタビュー

電源構成は国情を踏まえて

三井物産会長（現・顧問）　飯島彰己氏　（2021年1月1日）

菅義偉首相が所信表明演説で2050年の温暖化ガス排出実質ゼロを掲げたがすごい決断だと驚いた。さらなる政策支援があれば、30年度に電源構成に占める再生可能エネルギーの比率は30％超くらいまではいけるのではないか。しかし、50年ゼロとなると次元が異なる。中国も60年に主要国並みにすると表明した。日本も先送りせずに覚悟を決めてやろうということだろう。

日本の環境問題への取り組みが遅れているという指摘があるが、各国の事情の違いなどを踏まえて考えないといけない。欧州は遠浅の海があり、安定的に風が吹くので洋上風力に適している。日本は太陽光発電のための平地が狭く、安定的に風が吹く海域が狭い。50年にすべての電源を再生エネにすることは不可能だ。原子力や火力発電も必要だ。

石炭火力発電は高効率の発電機を使い、生じる二酸化炭素（CO_2）を回収・利用・貯留するCCUSなどの技術を組み合わせればいいだろう。石炭は価格も低位安定していてどこにでもあるし貯蔵もできる。液化天然ガス（LNG）などは偏在している。日本海などCO_2を貯留できる海域はある。

海外でのシェール開発などで地下にCO_2を埋めるノウハウなども日本企業にはある。CO_2を新素材など化学品に仕立てるなどイノベーションを通じてカーボンリサイクルを形成することも可能だ。

発電部門の課題は、現在2割弱にとどまる再生エネの比率をどこまで上げられるかだろう。再生エネは気候条件などによって出力が変動するため、原発も必要になってくるだろう。米国では原子力発電所の稼働率は90%を超えている。

日本では東京電力福島第1原発事故があり、原発への信頼は落ち込んだが、今、米国では安全性を高めた小型炉の開発が進んでいる。原発は中国が台頭しているし、原発を必要としている途上国もある。エネルギー外交で日本は後れをとってはいけない。原発の知見を持つ人材が途絶え、技術が劣化するのを一番心配している。

再生エネの比率を高めると、送配電網の増強などで電気料金が上がると心配する声もあるが、電気料金が5割上がっても省エネに秀でる日本の産業は耐えられると思う。ただ、卸市場、容量市場、調整市場などたくさんの取引市場が乱立し、複雑になっている。市場の仕組みを簡素化して、規制も見直すべきだ。新エネ会社の参入を促して電気料金を下げる環境を作る必要がある。

水素や蓄電池などを巡る開発を進め、新たな産業を当面創出できれば雇用も生み出せる。水素は運搬などにコストがかかるので、活用できる場所は限られると思うが、発電などに大量に使うようになればコストは下がる。すでにLNGに水素を混ぜて発電する取り組みも進んでいる。燃料電池車よりはるかに多くの水素を使う発電用に回せれば火力発電の排出比率も下げられる。

飯島彰己（いいじま・まさみ）**氏**

1974年（昭49年）横国大経営卒、三井物産入社。15年から会長。金属資源の国際情勢に詳しく、資源エネルギー庁懇談会の委員も務めた。

価格など競争力のある電力を作っていかないと日本の製造業などにも影響が出る。中国も原発開発や再生エネで台頭している。50年排出ゼロの目標は、日本の産業全体の問題として捉えないといけない。（発言は取材当時のもの）

2

「蓄電所」になるＮＴＴ——企業価値を決するＧＸ

（２０２１年１月３日）

通信インフラで大量の電気を使い、使用電力が国内発電量の１％を占めるＮＴＴ。脱炭素のプレッシャーをバネに変貌を遂げようとしている。

戦略の一端が見えたのが２０２０年11月、東日本大震災でエネルギー供給網を寸断された岩手県宮古市との提携だ。震災を教訓に消費エネルギーの約３割を太陽光発電など市内の再生可能エネルギーでまかなうが、連携することで50年に１００％へ高める。

全国７３００カ所が強み

ＮＴＴの強みは全国に展開する約７３００の通信ビル。再生エネ発電は自然環境に左右され需給調整が難しい。ビル内に大容量の蓄電池を置いて「蓄電所」となれば、地域の再生エネ発電の受け皿となれる。全国に1万台強ある社有車は電気自動車（ＥＶ）に切り替え、災害時は病院などの施設をバックアップする。

「自らの手で再生エネを増やし、各地のエネルギー需給の調整役も目指す」とＮＴＴの澤田純社長は話す。分散する再生エネ発電所をＩＴの力でつなぐ次世代の電力インフラ、仮想発電所（ＶＰＰ）事業に三菱商事と組んで参入。30年度までに大手電力に匹敵する規模の再生エネを開発し、企業や自治体に供給していく。

ＮＴＴに限らず、大企業がこぞってデジタルトランスフォーメーション（ＤＸ）ならぬ「グリーントランスフォーメーション（ＧＸ）」に動き始めた。日経平均株価の構成銘柄（２２５社）のうち少なくとも39社が温暖化ガス排出ゼロの目標を設定した。39社合計の時価総額は２２５社全体の約２割にのぼる。引き金を引いたのは、菅義偉首相だ。

「発想の転換が必要だな」。首相は20年9月の就任まもなく、50年までに温暖化ガス排出を実質ゼロにする目標を掲げた。官房長官時代に小泉進次郎環境相から、１２０を超える国・地域が「50年までの排出量ゼロ」を掲げていると聞き、胸に秘めた政策だった。

ガス排出量の多い製鉄業界は自民党に近く、政治資金団体への献金も自動車や電機などに次いで多い。ゼロ目標は製造業から反発も予想されたが、国民の支持を得ながら産業構造の転換を促し、経済対策にもなるという読みもあった。

菅政権の決断にせかされ、カーボンゼロに走り出す産業界。世界ではすでにＧＸが企業価値を決し始めている。

「世界的な再生可能エネルギー企業への事業転換を完了した」。20年10月、デンマークの電力大手オーステッドのヘンリク・ポールセン最高経営責任者（CEO、当時）は宣言した。国内の電力・ガス小売部門などの売却を終え、今後は洋上風力を中心とした再生エネで収益を稼ぐことになる。

黒から緑へ転換

化石燃料による発電が主力だった同社は、デンマークの温暖化ガスの3分の1を排出する「黒い企業」（ポールセン氏）の代表だった。09年ごろから掲げ始めた脱化石燃料戦略を「黒から緑への転換」というスローガンで推し進めたのが、12年にCEOに就任したポールセン氏だった。

ポールセン氏は20年末に退任したが、19〜25年の7年間で再生エネに2千億クローネ（約3兆4千億円）を投資する計画は残る。再生エネの総出力は30年までに原発30基分の3千万キロワット以上に増え、二酸化炭素（CO_2）の排出量は06年から25年にかけて98%削減する。

こうした戦略を投資家も好感する。時価総額は16年の上場時の約5倍の約9兆1千億円に増え、かつて仰ぎ見た英石油・ガス大手のBPを追い抜いた。米国でも再生エネルギー大手のネクステラ・エナジーが一時、時価総額でエクソンモービルを逆転。カーボンゼロを制する者が世界を制す時代は、もう来ている。

先進国の大手企業がGXを急ぐのを尻目に、日本のスタートアップはアフリカを目指す。20年12月、電力の普及も遅れるガーナで、太陽光パネルやスマートメーターの設置が進められていた。ブロックチ

インディテールはガーナで小規模送電網を構築する

エーン（ＢＣ）で技術力のあるインディテール（札幌市）が、ドイツの大学やスタートアップと共同でプロジェクトを主導している。

小規模な送電網でつながれた各施設は、太陽光パネルと蓄電池により自前で発電しエネルギーを自給。電力の過不足は建物どうしで電力を売買し、取引をＢＣ技術で記録する。ＢＣで取引の信頼性を高め、再エネの導入や売買を促す。21年5月までに人工知能（ＡＩ）が需要や電気機器の負荷に応じて取引価格を柔軟に算定する仕組みも作る。

ガーナは石油の商業生産を開始し電力需要が急拡大する一方、電力インフラを支える設備が老朽化しており停電が頻発している。インディテールの欧州拠点のトップを務めるオレグ・パンコフ氏は「技術を確立して22年夏ごろをめどにパッケージで他地域に売る。まずはアフリカ市場、さらに他の国へと展開したい」と意気込んでいる。

インタビュー

電力の地産地消で備え

NTT社長（現・会長）　澤田純氏

（2021年1月3日）

新型コロナウイルスの感染拡大や保護主義の高まりで、グローバリズムに歯止めがかかった。貿易や人の移動に制限がかかると、自立がより重要になる。日本のエネルギー自給率を高めないと、電気通信の自立もできない。経済安全保障の問題だ。2019年は千葉県で大雨災害の停電が続き、携帯3社のサービスが止まった。通信の自立、災害対応力を強め、環境負荷を下げるため、再生可能エネルギーを活用したい。

NTTは2030年にグループ全体の消費電力の3割を再生エネにする。現在は全体の約1割だが、風力と太陽光を中心にした自前の発電にも力を入れていく。洋上風力発電はNTTとして経験がないが、提携している三菱商事と共同参入の議論を進めている。

30年度にグループで現在の25倍の最大750万キロワットの再生エネの発電を考えていたが、地元との連携や収益も重視して、発電容量の計画は下げる方向で検討する。自治体と連携して環境影響評価（アセスメント）を丁寧にすすめ、再生エネ事業でも投資の収益性を判断する目安として内部収益率（IRR）5%以上を指標にしていきたい。

赤字で投資を回収できないと、健全に事業を続けることができなくなる。送配電は既存の電力会社のインフラをできるだけ活用していく。まず自らの消費電力で再生エネを増やしつつ、地産地消のエネルギー需給の調整役を目指す。

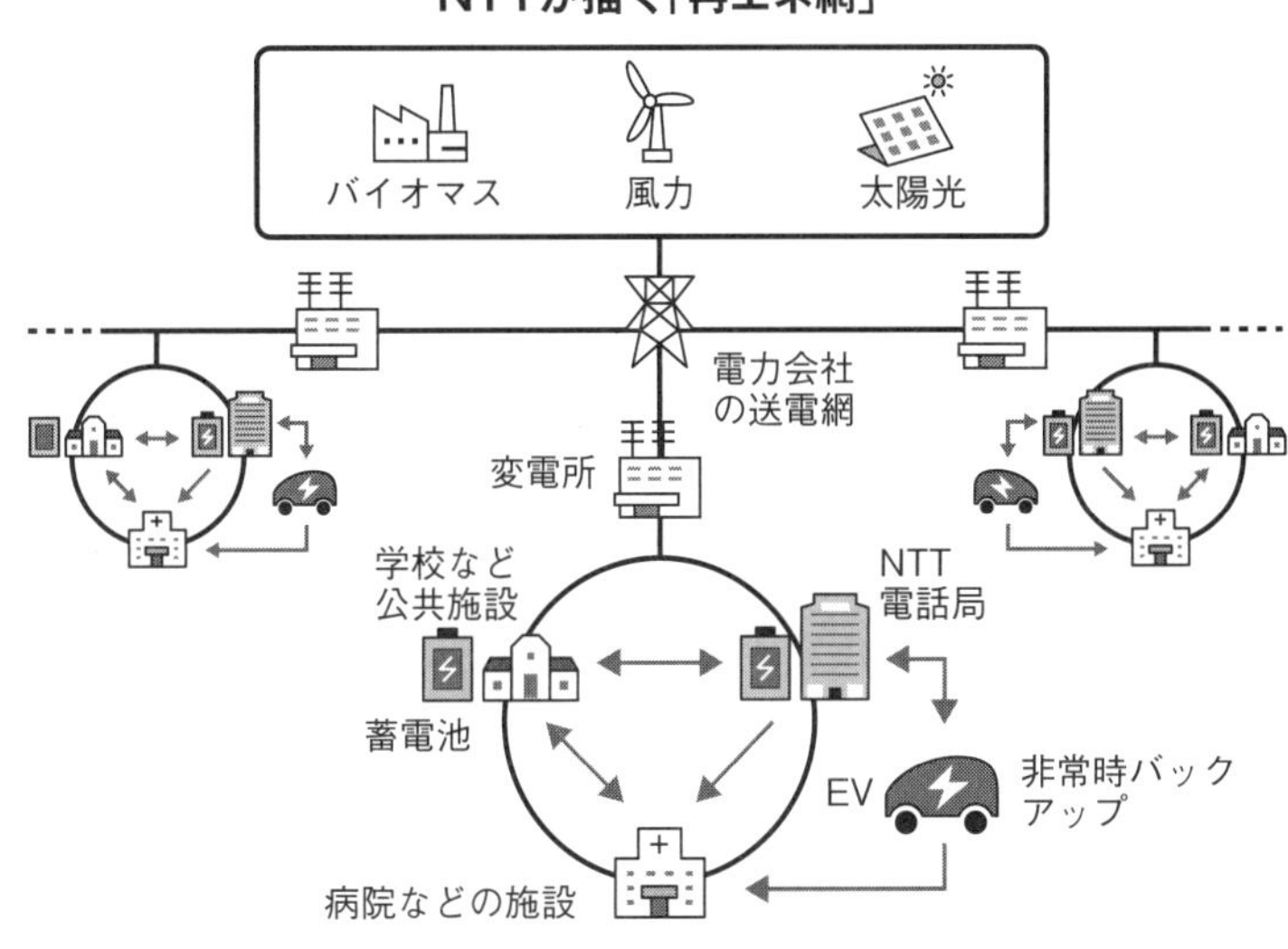

NTTは全国に7300の通信ビルと1500のオフィスビルを保有している。それを強みに各地で電力をためる役割を担っていきたい。電話交換機のある通信ビルの空いたスペースに大きな蓄電池を置けば「蓄電所」になり、他社のグリーン電力の受け皿にもなる。各地域のバックアップ電源として、災害や電力不足のときに公共施設や病院などに電力を供給する仕組みを増やす。

これから高速通信規格「5G」が普及すると、スマートフォン、多様なウェアラブル端末が増える。ありとあらゆるモノにセンサーが付き、膨大なデータを処理するサーバーの電力も急激に増える可能性がある。世界共通の大きな課題として通信インフラの消費電力を圧倒的に下げる省エネルギーの新技術が求められている。

NTTはデータの伝送手段を電気信号から光信号に変え、通信や情報処理にかかる消費電力を100分の1に抑える次世代通信基盤「IOWN

（アイオン）」の研究を進めている。光半導体は電気信号よりエネルギー効率が高く、熱を冷やすコストがいらない。5年から10年の期間で、米インテルなどと共同で実用化を進める。コンピューターや通信ネットワークで、圧倒的な低消費電力を実現していく。

長期的には太陽と同じ「核融合」と呼ばれる反応を地上で再現し、巨大なエネルギーを取り出す国際プロジェクトの革新的な技術に期待したい。20年に日本の民間企業として初めて、日米欧ロに中国、インド、韓国を加えた世界7極が共同で進める国際熱核融合実験炉（ITER）の計画に参画した。核融合炉とコントロールセンターをつなぐ超高速大容量の通信などを提供して、実現を支援する。（聞き手は工藤正晃）

澤田純

（さわだ・じゅん）**氏**

1978年に日本電信電話公社（現NTT）入社。技術畑でグローバル事業をけん引。18年に社長に就き、グループの再編を加速。19年にはエネルギー事業の統括会社を新設し、再生可能エネルギーの利用に力を入れている。

3 カーテンで発電する日――「緑のエネ」が新秩序の礎（2021年1月4日）

カーボンゼロが告げるのは新たな電化社会の到来だ。車が電気で動くようになり、世界の電力需要は2050年にいまの2倍になる。しかも二酸化炭素（CO_2）を排出しない電気が必要だ。「緑の電力」を増やす闘いが始まっている。

「あらゆる場所を太陽電池で埋め尽くせる」。東芝の都鳥顕司・シニアエキスパートはフィルム型の太陽電池の開発で手応えをつかんだ。電気を生む効率は世界最高の14・1％。ビルの壁面や電気自動車、自動販売機、スマートフォン、衣服、カーテン――。どこにでも設置できる。

街中が発電所に

新型の太陽電池は「ペロブスカイト型」と呼ぶ。液体の原料を塗るだけで薄く透明に作れる。重くて硬い現在の太陽電池に代わり、街中を再生可能エネルギーの「発電所」に変える。

ここ10年余りで発電効率を急速に高め、今の太陽電池の20％台に迫る。米スタンフォード大学のチームは製造法の革新で、1キロワット時あたり2円前後と最も安い再生エネの一つになるとみる。

ペロブスカイト太陽電池は曲げられる特性を持つ（横浜市青葉区）

ペロブスカイト太陽電池を09年に発明したのは桐蔭横浜大学の宮坂力特任教授だ。ノーベル賞候補にも挙がる。「中国にはこの電池の研究者が1万人はいる。日本の10倍超だ」。日本が太陽電池の性能で先んじながら、市場の獲得で海外勢に敗れた苦い過去が頭をよぎる。発電の適地が限られる都市部などでペロブスカイト型は不可欠。日本発の技術で再び負けるわけにはいかない。

エンジンを止めた漁船は数分で何十メートルも流された。「潮が速すぎるけん、漁をする人も少ないとよ」。長崎県五島列島の海峡「奈留瀬戸」。地元の漁師がそう話すほど速い潮の流れを生かし、国内初の「潮流発電」の準備が進む。

海底でプロペラを回し、発電機を動かす。「天気に左右されず発電量を計算できる」。環境省から実証事業を受託する九電みらいエナジーの寺崎正勝常務・事業企画本部長は話す。太陽光並みの発電コストとはいかないが日本近海には原子力発電所20基分の潮流エネルギーが眠るとみられる。

米国のバイデン次期大統領は35年までに電力を脱炭素化する方針だ。電力部門の投資額は30年に世界で2兆2000億ドル（約230兆円）と19年の約3倍になる見込み。どの国も電力と脱炭素の二兎を追う。

再生エネを手にした国は「成長か我慢か」という二者択一の議論に終止符を打てる。エネルギーのコストがかさめば、国の競争力低下を招く。再生エネ比率を約5ポイント増やすのに、ドイツは年３０００億円の国民負担で済ませたが、日本は年１・８兆円に膨らんだ。

衰える石油の力

カーボンゼロは内燃機関にも電化を迫る。英国は30年からガソリンで動く新車の販売を禁じる。英石油・ガス大手のＢＰによると50年に１次エネルギー消費に占める化石燃料は18年の85％から20％に減るとみられる。

１９８６年からの原油価格の低迷はソ連崩壊の最後の一押しとなった。計画経済の矛盾を60年代に発見した西シベリアの石油資源が覆い隠してきたが、石油収入が激減して西側諸国から多額の借金をするまで追い込まれた。穀物を輸入に頼っていたソ連の懐はさらに厳しくなり、物価高騰で国民の不満が高まった。

原油は石油輸出国機構（ＯＰＥＣ）加盟の産油国全体に年６０００億ドル（約62兆円）もの富をもたらしている。一大供給地の中東に日本は輸入原油の約９割を頼る。中東の紛争などに世界は翻弄されてきた。

「石油の世紀」の終えんは世界の政治や経済が築いた秩序を塗り替える。エネルギーの新たな主役となるのは誰か。決め手となるのはイノベーションを生む「知」という新たな資源だ。

インタビュー

思い切ったエネ節約が必要

桐蔭横浜大学特任教授　宮坂力氏

（2021年1月4日）

ペロブスカイトと呼ばれる結晶構造を持つ太陽電池を開発し、その高性能化に取り組んでいる。すでに効率はシリコン製太陽電池に肩を並べるレベルに届いている。2050年には太陽電池で日本の電力需要の40％を賄うと期待しており、ペロブスカイト電池がその半分を占めることも可能だと思う。大量生産できれば、価格は現在主流のシリコン製の半値になるだろう。

ペロブスカイト構造を持つ特殊な原料をプラスチック製フィルムに塗布し、乾かして電極で挟めば、軽くて曲げやすい電池になる。重いパネルを屋根に付ける太陽光と違い、建物の側面に貼り付けて発電できる。直射日光でなくても高い効率で発電するので、マンションのベランダで家庭菜園のように電気を作れる。ロール状の電池を各家庭がひとつ持つだけで、かなりの量の発電が可能になる。

日本で一気に広がるとすれば、電気自動車（EV）など車載用だろう。フル充電は難しいが、出力を住宅につなげれば、家電を動かすのに使える。微量だが環境に有害な鉛が含まれるので、廃棄時に電池を回収する必要がある。鉛バッテリーと同じく自動車ディーラーが回収する仕組みを作れば、心配いらない。

世界をみれば、すでに欧州勢との開発競争が始まっており、中国も実用化の段階に入ってきた。中国には20～30歳代の若手を中心に研究者がざっと1万人はいると聞く（注：その後もペロブスカイト電池の関連研究者は中国を中心に増え続け、世界の研究者は4万人となった。日本の研究者数も増えてはいるが、中国など海外との研究者数の差はさらに大きくなっている）。日本の10倍超にもなる人数だ。日本の研究者のほうが質は高いかもしれないが、技術開発では汗をかきながら実験を進めるマンパワーが欠かせない。日本勢は無鉛材料の開発に人材を集中し、世界をリードしたい。

地球環境の変化は温暖化ではなく、気候変動と考えるのが正しい見方だろう。その原因は必ずしも二酸化炭素（CO_2）の増加だけが原因ではないと思う。有限で貴重な化石燃料を一方的に消費した結果、CO_2濃度が増加した。これは抑えるべきだ。エネルギー消費の抑制、特に電力消費の抑制が第一だ。

仮にEVを100％にするとしても、電池の生産や充電などでCO_2は生じる。車そのものを減らさないといけない。都市部では路面電車を復活させ自家用車の排除を考えてもよい。先進国の都市ではオフィスビルの電力消費に無駄がある。

生活圏では自動販売機を減らしたり、加工食品の過剰生産と食品ロスをなくしたりといった対応がいる。再生可能エネルギーの生産よりエネルギー消費そのものを減らすことを考えるべきだ。

日本はエネルギーの90%以上を輸入に頼っている。ノルウェーなど北欧の国のように水力、風力、太陽光、水

宮坂力

（みやさか・つとむ）**氏**

1981年東大院卒後に富士写真フイルム（現富士フイルムホールディングス）入社。2009年にペロブスカイト構造を持つ太陽電池を世界に先駆けて発表しノーベル化学賞候補に。太陽電池関連の同大発ベンチャーも設立した。

素燃料などの再生エネのみでは産業を支えられない。思い切ったエネルギーの節約をしなければいけないのが日本の弱点といえる。

日本列島は雨量が多く、水に恵まれている。だが、山地が多く、傾斜が大きい地形が気候変動による大きな水害につながっている面もある。島国を取り囲む海水の温度変化による気候変動が、農業や水産業、生態系に与える影響も顕著だ。防災と減災を進めるうえでも、地形からくる短所に目を配る必要がある。（聞き手は大平祐嗣）

4

水素開発にEUは60兆円

——次代を制す「究極の資源」

（2021年1月5日）

海水から「緑色の水素」を作れ。オランダ北部の洋上でこんなプロジェクトが進行中だ。石油メジャーの英シェルが中核となる欧州最大級の水素事業「NortH2（ノースH2）」。2030年までに最大400万キロワットの洋上風力発電所を整備し、その電力で海水を電気分解して水素を生み出す。

水素は製法別に色分けされる。化石燃料から取り出す「グレー」、製造過程で生じる二酸化炭素（CO_2）を回収する「ブルー」、再生エネで水を電気分解するカーボンゼロの「グリーン」。ノースH

２は洋上風力でグリーン水素を作り、40年に８００万～１千万トンのCO_2排出を削減する。

再生エネを保存

欧州連合（ＥＵ）は50年までに洋上風力を現状の25倍に引き上げ、水素戦略に４７００億ユーロ（約60兆円）を投じる。ティメルマンス上級副委員長は「再生エネでつくる水素は最大の政策支援を受ける」と語る。

水素はロケットの燃料に使われるほど強いパワーを秘め飛行機の動力源になりえる。燃焼しても温暖化ガスは発生しない。鉄鋼や化学など製造業を脱炭素するための鍵にもなる。水素に変換することで不安定な再生エネを保存可能にする「究極の資源」と言える。

欧州最大級の水素事業「NortH2」のイメージ（CharlieChesvick iStock / Getty Images Plus）

普及のポイントは製造コストだ。先行する欧州でもグリーン水素を１キログラム生み出すのに6ドル（約６２０円）程度かかる。エネルギー大手などで構成する水素協議会の推計では、30年に水素の製造コストが１・８ドルに下がれば、世界のエネルギー需要の15％を満たす。

日本も「水素エネルギー社会」確立に動く。19年11月に「50年ごろの温暖化ガス排出ネットゼロ」を宣言した東京ガス。水素製造でも現状の流通価格（１キログラム当たり約１１００円）を30年に３分の１に引き下げる政府目標を「前倒しで達成させる」（内田高史

水素は製造過程で色分けされる

化石燃料から取り出す水素。低コストで大量に製造できるが、CO_2が大気中に放出される

製造過程で生じるCO_2を回収・貯蔵することでカーボン・ニュートラルになる水素

再エネ由来の電力で水を電気分解して生成する水素。現状では最も製造コストが高い

社長）。

切り札は14万台販売する家庭用燃料電池「エネファーム」のノウハウ。エネファームはガスから取り出した水素と空気中の酸素を化学反応させ電気を作る。この原理を逆転し、水を電気分解して水素を生成する。部材の小型化や装置の量産化でコストが下がれば、あとは割安な再生エネ由来の電力をどこから仕入れるかというフェーズに移る。

太陽光から製造

オールジャパンで太陽光から水素を作る取り組みも始まった。東北電力が原子力発電所を建てる予定だった福島県浪江町の土地に20年2月、水素施設「福島水素エネルギー研究フィールド（ＦＨ２Ｒ）」が完成した。新エネルギー・産業技術総合開発機構（ＮＥＤＯ）と東北電力に加え、東芝が水素製造のシステムを統括。世界最大級の電気分解装置は旭化成が開発した。

技術開発が進む日本だが水素社会への壁は厚い。再生エネで出遅れた日本ではグリーン水素を作るコストが現在の水素流通価格の約10倍という試算もある。低廉な水素を確保するにはCO_2回収技術を含めた生産施設やエネルギー運搬船、受け入れ基地などのインフラを整える必要がある。

困難は好機の裏返しだ。エネルギー源の多様化を迫られた日本が世界に先駆け1960年代から取り組んだ液化天然ガス（LNG）調達。当初はリスクを懸念する声もあった。液化プラントなどのインフラから整備し、いま電力の約4割をLNGでまかなう。

日本はアジアにインフラを輸出するまでに成長した。水素社会の実現に向け国家の意志と戦略が問われる。

インタビュー

再生エネは「もうかる」事業　名古屋大学教授　天野浩氏　（2021年1月5日）

2021年は日本の脱炭素に向けたスタートの年にしなければならない。みんなが脱炭素という共通目標を目指して取り組む。菅義偉首相（当時）が高い目標を掲げたことは非常にいいことだ。カーボンニュートラルに向け、一歩踏み出す時だ。

再生可能エネルギーはコストが高く、「金持ちの道楽」というイメージを打破したい。再生エネは「もうかる」と強調したい。

名古屋大の分析によると、50年のカーボンニュートラル実現には165兆円かかる。年平均5・5兆円だ。再生エネ投資でエネルギーを国産化できれば、資源の輸入が減る。お金が国内で循環す

天野浩
（あまの・ひろし）**氏**
1983年（昭58年）名古屋大工卒。青色LEDの研究で世界の消費電力削減に貢献し、14年には赤崎勇、中村修二両博士とともにノーベル物理学賞を受賞した。現在は名古屋大の未来エレクトロニクス集積研究センター長も務める。

るようになれば経済にプラスだ。33年から単年度で黒字化し、43年に累積赤字も黒字転換できると考えている。

実現にはイノベーションが欠かせない。青色発光ダイオード（ＬＥＤ）は結晶ができて1兆円市場になるまで30年近くかかった。50年までとなると今から準備しないと間に合わない。

私たちは半導体の新材料として省エネが期待される「窒化ガリウム」の研究を進めている。電力を制御する世界中のシリコン製素子を窒化ガリウムに置き換えれば、10％の消費電力削減になる。電気自動車（ＥＶ）のモーター制御に応用したら最大65％の電力消費低減に成功した。エネルギー効率はあがらないとの悲観論もあるが、企業や研究者にチャレンジしてほしい。

窒化ガリウムは再生エネの拡大にも貢献できる。洋上風力発電向けに高圧の直流送電から効率よく交流変換できる装置を開発した。試算では窒化ガリウムのデバイスで余った電気の37％をワイヤレス給電に回せる。余剰電力をＥＶやドローン、スマートフォンなどの充電に使えれば、効率も利便性も上がる。超低消費電力で大容量の高速通信にも貢献できると思う。その研究にも取り組み始めた。

50年ゼロにいるのは技術的な進歩だけではない。オフィスや行政システムの効率化も必要だ。官庁も自治体も独自のシステムを導入し、規格がバラバラで融通が利かない。規格を統一すべきだ。

競争は大事だが、協調も重要だ。

国の将来ビジョンを意識しながら課題を解決するには、大学などでの人材教育が大切になる。修了生が企業の中枢を担えば世の中が変わるだろう。

青色LEDで30年かかったプロセスを10年以内に実現するような人材を育てたい。

日本のものづくり企業は技術で先行し、最初はもうけが大きくても、価格競争になってもうけが少なくなって諦めてしまう。日本で新技術が生まれる確率は高い。次々と新技術を生み出すのが理想だ。「自分はできる」「GAFAを超えるんだ」というマインドセットを持つ若い人たちを増やすことが重要だ。

照明分野は10年ごろに私たちが革新した。この先、25年ごろに生活環境を革新し、30年ごろに自動車などのモビリティーを革新する。そして50年にはエネルギーの需要と供給を高度に管理するIoE（インターネット・オブ・エナジー）とカーボンニュートラルを実現させる。その意気込みで研究している。大学で脱炭素につながる新技術が生まれたら、それを使ってくれる企業が増えてほしい。（聞き手は岩井淳哉）

5

進化の道を変えた原発
――小型炉に浮かぶ「現実解」

（2021年1月6日）

新政権発足後、即座にパリ協定に復帰すると宣言した米国のバイデン次期大統領。2兆ドル（206兆円）を投じる気候変動対策には原子力発電所の活用も盛り込む。力点を置くのが、安全性が高いとされる小型原子炉の開発だ。

米国では2007年創業のスタートアップ、ニュースケール・パワーが脚光を浴びる。標準的な炉は100万キロワット級だが、同社が扱うのは数万キロワット。外観のイメージ図に原発特有の巨大な建屋や冷却塔はなく、体育館のような施設が並ぶ。

丸ごとプールに

配管が複雑に絡み合うこれまでの原発の雰囲気はない。数万キロワット級の原子炉を5～6本まとめてプールに沈め、発電する。水につかっているから事故で電源を喪失しても炉心を冷やしやすい。核のごみの発生も今までより少なく抑えられる。

2020年夏には12の炉で米原子力規制委員会の設計審査を終えた。「原子炉の大きさもコストもお客様の相談に乗ります」。1基の規模は小さくとも、複数の炉を連結すればより大きな電力を生み出せる。同社は政府機関や企業などにオーダーメードで原発を提供する。設置を拒む地域もあるが、万一事故を起こしても影響を受けるエリアが狭く、送電網がない地域でも設置できる利点を強調する。

ロシアでは海に浮かべた小型の原発が威力を発揮する。国営企業のロスアトムが「原子力砕氷船」に積んでいた小型炉を浮体式の海上原発に転換。海上の利を生かし、電力網の脆弱な発展途上国などに展開する。

原発は一大消費地の電力をまかなえるよう、出力を大きくして効率的に供給する方向に進化してきた。大きくなると複雑で制御しにくい。いま、原発は必要なだけの電力を安全に供給する小型化を探る。

米ロが原発の技術を磨くのは再生可能エネルギーをフル活用しても、電源に占める割合は5～6割にとどまるとの認識が広がっているからだ。水力で9割をまかなえるノルウェーのような国は別格。50年目標は英国で65％、米国で55％とされている。欧州では脱石炭という要請もあり、二酸化炭素（CO_2）の排出がない原子力に自然と目が行く。

日本も似た状況にある。再生エネには50～60％しか頼れず、残りの穴埋めが課題だが、立ち位置は曖昧だ。政府が2020年末にまとめたグリーン成長戦略では、原発単独でどこまで手当てするか明確にしなかった。50年時点の電源構成は「原子力と火力で合計30～40％程度」。既存原発の再稼働もままならず、新増設も封印する現状を映す。

増す火力コスト

では火力に頼れるかというと、心もとない。東日本大震災後、原発がゼロになるなか、石炭火力を電源全体の3割まで高めたが、カーボンゼロ実現には脱却は待ったなし。クリーンな電源として使い続けるにはCO_2の排出抑制策が必要になる。

政府は火力で生じるCO_2を回収・貯留するCCSを進める。代表的な地中貯留の技術は1トンあたり約7千円かかる。現在の石炭火力の発電コストは1キロワット時12・3円だが、CCSの費用が乗ると最大19円程度に跳ね上がる。10・1円の原発との差はさらに広がり、商業利用には相当なコストダウンが求められる。

日本は欧州と比べると再生エネの利用で地理的な制約を受けやすい。山が多く、洋上風力に適した海域は狭い。経済性を考えるともうひとつの安定電源を頭に入れておく必要がある。原発は福島での事故から足踏みが続いたが、カーボンゼロに向けてもう思考停止は許されない。使用済み核燃料の問題も含め、今後とるべき道について合意を探るときだ。

インタビュー

原発、30年に2割が妥当

国際大学教授　橘川武郎氏

(2021年1月6日)

政府が2020年10月26日に「50年までに温暖化ガスの排出量を実質ゼロにする」と宣言したの

は大きなゲームチェンジだった。米大統領選挙でバイデン氏が勝利し、世界で脱炭素の流れが本格的に勢いを増す直前、滑り込みセーフで新目標を打ち出せた。バイデン氏の勝利後に言い出したのでは国際的な笑いものになっていただろう。

電源は再生可能エネルギーを主軸に、火力と原子力を組み合わせる構成が続くだろう。

焦点になるのはゼロエミッション火力発電だ。東京電力ホールディングスと中部電力が折半出資するJERAは化石燃料にアンモニアや水素を混ぜて燃やす手法などで、事業活動での二酸化炭素（CO_2）排出量を50年に実質ゼロにする目標を発表した。

最終的にはアンモニアや水素だけを燃やし、火力発電でありながらCO_2を出さない状態にまでもっていく将来像を示している。この仕組みが可能だと示されたことで「50年ゼロ」への道筋が見えてきた。

政府はグリーン成長戦略で50年時点の電源構成に占める再生エネの比率を50～60％とする目安を示したが、現実的な数字だと思う。

気になるのは、CO_2の回収機能を付けた化石燃料による火力と原発を合わせて30～40％とした点だ。残る10％分は水素とアンモニアを使うとしているが、要するにこれも火力発電。火力はひとくくりにし、原発は単独で目安を示すのが本来の筋のはずだ。

政府は原発を推進する気がないのではないか。発電所の新増設の議論も封印したままだ。政治家や地元との調整もあって「原発をやめる」と宣言するほどの勇気もない。そんな思惑が絡んで、原発単独で低い目安が表に出ることを避けたと考えるのが自然だろう。

橘川武郎
（きっかわ・たけお）**氏**

1951年生まれ。東大経済学博士。専門は日本経営史・エネルギー産業論。電力・ガス、石油産業の歴史や経営に詳しい。政府の総合資源エネルギー調査会基本政策分科会の委員として、次期エネルギー基本計画の策定に携わる。

再生エネ普及は送電網の整備がカギを握っている。発送電分離が始まって以降、稼働しない原発のために送電網の枠をとっておくのではなく、可能な限り再生エネに使うことで利用率を上げようとするのは経営の観点から合理的だ。

再生エネでつくった電力を固定価格で国が買い取るFIT制度で事業者の裾野は大きく広がった。だが、今や玉石混交。再生エネの持続可能な利用環境を整えるには、設備や機器のメンテナンスがこれまで以上に重要になる。必然的に優良事業者に再編・集約していくことになるだろう。

再生エネ比率を50％に高めるには、排出量に応じて企業が費用負担するカーボンプライシング（炭素の価格付け）が欠かせない。企業が排出削減するほどメリットが生まれるため、本格的に商業利用されていない水素やアンモニア、CO_2の回収・貯留（CCS）の技術革新や普及への後押しとなる。

政府は50年時点で原発単独の将来像を示さなかったが、この考え方は30年時点の次期エネルギー基本計画と電源構成を示す際に反映されるだろう。再生エネの比率を現在の22～24％から30％に上げ、逆に石炭は26％から20％まで下げる。原発は20～22％で維持し、あとは液化天然ガス（LNG）とわずかな石油でカバーするのが現実的だろう。（聞き手は杉原淳一）

6

巨大年金を動かした25歳
——通貨の番人、環境も監視

（2021年1月7日）

巨大な年金を動かしたのは一人の若者だった。

「情報も戦略も計画も何もない」。オーストラリアのマーク・マクベイさん（25）は2018年、気候変動リスクの開示が足りないと豪大手年金レストを訴えた。2020年に成立した和解で、レストは50年までに投資先全体の二酸化炭素（CO_2）排出量をゼロにすると約束した。「我々の貯蓄が責任を持って投資されているかどうか知ることが保証された」。和解後のマクベイさんの言葉だ。

ESGが投資全体の3分の1に

世界のマネーがカーボンゼロを先取りする。環境対応を重視するESG（環境・社会・企業統治）投資は約30・7兆ドル（約3200兆円）と投資全体の3分の1になった。気候変動の対策に真剣なのかどうか、マネーが企業を選別する。

出光興産は複数の投資家に投資対象から外された。木藤俊一社長は「環境問題への取り組みを積極化する」と説明する。SUBARU（スバル）は18年に英資産運用大手リーガル・アンド・ジェネラル・インベストメント・マネジメント（LGIM）の投資対象から一部外れたが、情報開示の改善などが評価されて2020年に復帰した。

日本53社が高評価

英国の非政府組織、CDPが世界の9526社の気候変動対応を20年に格付けすると、日本企業はトヨタ自動車など53社が最高評価だった。国別では米国と並んで最多だ。LGIMの尾身メリアム氏は「カーボンゼロ目標でエネルギーの選択肢が増えれば日本企業に追い風になる」と話す。

リーマン危機ではESG関連の投資信託から資金が流出した。20年は新型コロナウイルス危機があってもESG投信への流入額は約3000億ドルと19年から倍増した。気候変動が長期投資の大きなリスクに浮上したからだ。中央銀行もそうしたリスクを無視できない。

スウェーデンの中央銀行リクスバンクは21年1月、購入する資産から環境に配慮しない企業の社債を外し、環境対策費を調達する国債や地方債を加えた。欧州中央銀行は21年1月、企業が気候変動対策をどこまで達成したかで金利や償還額が変わる債券を買い始める。日銀も21年度の金融機関の考査で気候変動を取り上げる。

マクロ経済や金融システムにとっても、気候変動はいまそこにあるリスクとして現れている。

国連防災機関によると、00～19年の20年間に洪水や台風など大規模な自然災害は計7348件起き、1980～99年の1・7倍に急増した。経済損失は計2・97兆ドルと80～99年の1・8倍だ。

国際決済銀行とフランス中銀は2020年1月に「気候変動が次の金融危機を引き起こしかねない」と警告した。各国の中銀や金融当局でつくる「気候変動リスク等にかかる金融当局ネットワーク」は2

020年6月に「対応が遅れれば世界の国内総生産（GDP）が2100年までに最大25％失われる」と試算した。

最悪の場合、企業や金融機関はどうなるのか。英国は2021年1月からロンドン証券取引所に上場する主な企業に気候変動が財務に与える影響の開示を義務づけた。白井さゆり慶大教授は「いまの金融資産の価格には気候変動や環境破壊のコストが適正に織り込まれていない」とみる。

オランダ中銀は18年、気候変動を巡る金融機関へのストレステストの結果を中銀として世界で初めて公表した。保険会社や年金で総資産の最大1割の損失が出る。フランス中銀や英イングランド銀行も21～22年に結果を公表する。

新種のウイルスがいつか世界に危機をもたらすとの長年の警告に耳を傾けず、人類は新型コロナに足をすくわれた。気候変動という地球規模のリスクをどう回避するか。マネーもその役割を問われている。

（2021年1月7日）

インタビュー

「地球を守る」行動に投資を

東京大学理事　石井菜穂子氏

2021年は大きな分水嶺だ。本来20年は英グラスゴーでの第26回国連気候変動枠組み条約締約国会議（COP26）や生物多様性条約の国際会議があり、大きな節目となるはずだったが、新型コロナウイルスの影響で21年にずれこんだ。脱炭素の50年目標に到達するには30年までの10年間が大事。私たちはその勝負の年に入った。

新型コロナと持続可能性、気候変動の問題は、人間の経済システムと自然のシステムの衝突という点で根っこが同じだ。コロナは人間がそれまで近づいたことのない生態系に足を踏み入れたことで野生動物から病気菌をもらい世界中に感染した。重症急性呼吸器症候群（SARS）やエボラ熱なども2000年以降に起こった。

人間の経済社会と自然のすみ分けをきちんと考えなければ、今後も同じことが起きる。今までより人間が地球のシステムに大きな影響を持つ時代になった。我々は地球と人間の関係を考え直さなければならない局面に追い詰められている。

脱炭素を考える時、電源構成も重要だが、都市をどうつくるか、産業構造をどう改めるかなど、社会や経済全体を変える議論が必要だ。温暖化ガスの約25%は食料生産から排出されている。食品の作り方や食べ方など生活全体の見直しが問われている。

コロナ禍でテレワークが広がったように、絶対に変わらないと思ったライフスタイルも変わりうる。電力や鉄鋼などの産業は温暖化ガス削減が難しいとされるが、消費者、投資家が圧力をかければどうか。環境負荷のかかる商品は買ってもらえないとなると、企業も動く。

欧州はコロナの経済対策を環境への取り組みにうまく利用している。対策のかなりの部分を環境に使う。コロナ対策の巨額な投資も使い方次第だ。日本も企業が安心して脱炭素の技術などに投資できるよう、政府が企業を支えなければならない。目標を示し、規制も強化する。温暖化ガスを出し続けることがビジネスに良くないとわかれば、脱炭素の流れはできる。

石井菜穂子
(いしい・なおこ)**氏**
1981年大蔵省(現財務省)入省。国際通貨基金(IMF)エコノミスト、世界銀行スリランカ担当局長などを経て、財務省副財務官、地球環境ファシリティCEO。東大ではグローバル・コモンズ・センターダイレクターも務める。

アマゾンは世界の気候システムのために重要で、乱開発すると世界が困る。石炭火力発電所の開発も同じ。地球の共有財産を守る取り組みが国際的に評価され、官民のお金が流れるようなしくみを考えないといけない。

欧州などでは50年実質ゼロが当たり前のように言われ、産業構造を変えるための議論が相当進んでいる。関税など他国に厳しい要求を突きつけるようなケースもある。企業が競争力を保つには、生産過程などをクリーンにしていかなければならない。脱炭素の議論が遅れている日本は、どうしたら同じ土俵で競い合えるかを急いで考えるべきだ。

アジアと一緒に良い実行計画を書いていくのは日本の役割だろう。アフリカや東南アジアと新しい市場もつくれるはずだ。環境を大切にしながら作るコーヒーに高い価格が付き、それを消費者が買えば、アフリカの農業・食品産業の付加価値はあがる。環境対応や労働条件の適正さを評価するしくみをきちんと設計すれば、貿易や投資、消費行動を動かせる。ESG投資などでそうした機運は芽生えつつある。(聞き手は奥津茜)

7 テスラを超える戦い——一からつくる移動網（2021年1月9日）

夕方にベルリンをたち翌朝、目が覚めるとローマに到着。1957～95年に欧州の主要都市を結んだヨーロッパ横断特急が復活する。2020年12月、欧州4カ国の鉄道事業者が13都市を結ぶ夜行列車ネットワークをつくることで合意した。12月開通予定のウィーン～パリ間などを皮切りに順次整備を進める。

飛行機のCO²排出量は鉄道の5倍

背景には、二酸化炭素（CO²）を大量排出する飛行機に乗らない「飛び恥」という現象がある。世界のCO²排出で「運輸」は「発電・熱供給」に次ぐ2割強を占め、航空機の排出量は乗客1人の移動1キロ換算で鉄道の5倍に達する。国際航空運送協会（IATA）で環境分野を担当するマイケル・ギル氏は「旅客機では電気自動車（EV）のような技術が確立していない」と話す。

それではもう、飛行機に乗れないのか。移動の選択肢を確保するため、欧州の航空機大手エアバスが立ち上がった。35年には温暖化ガス排出ゼロの航空機を実用化すると宣言。「ゼロe」と呼ばれるコンセプト機は液化水素をガスタービンで燃やして飛ぶ。実現すれば約70年前に英国でジェット旅客機の幕

炭素排出量は10％の富裕層が半分近くを占める

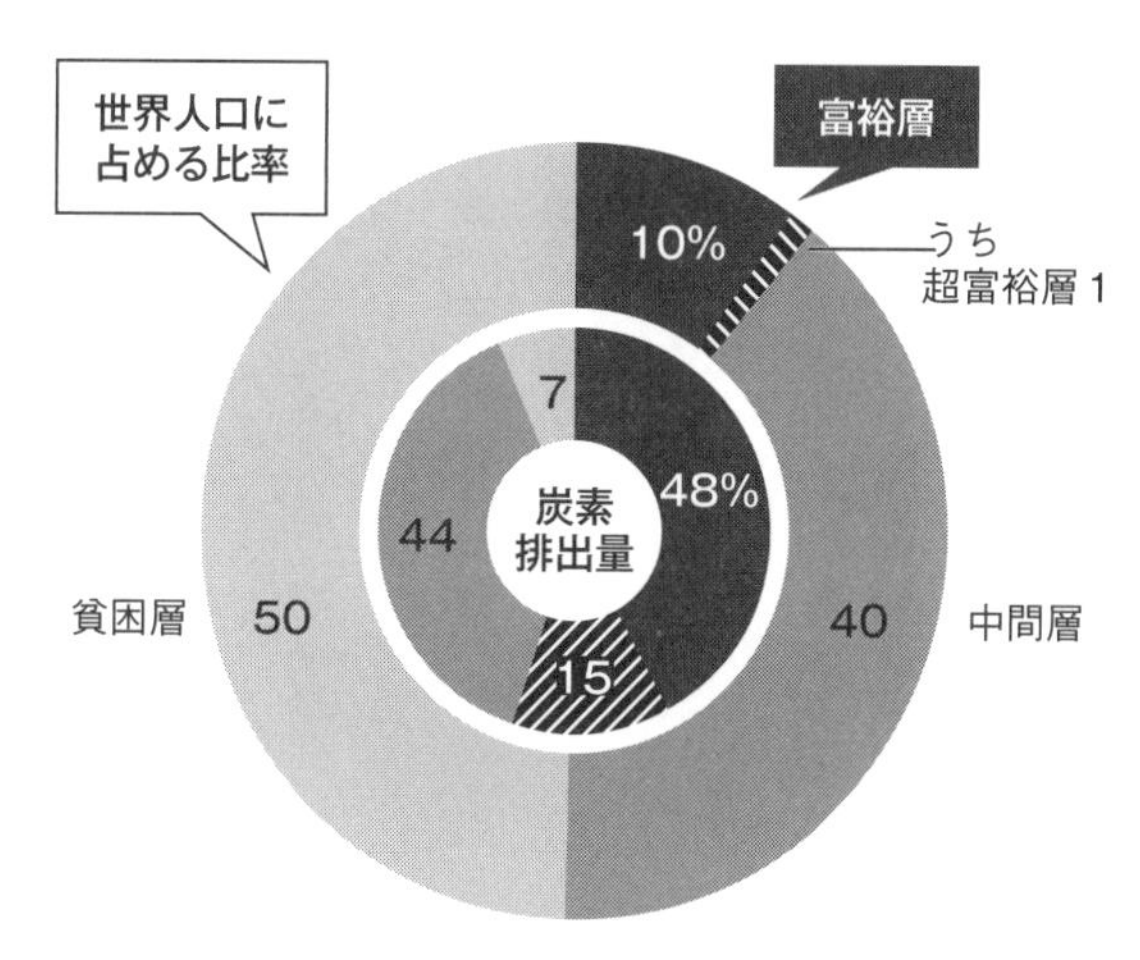

（注）国連調べ、四捨五入のため合計が100にならない

が開いて以来の大変革となる。

日常生活を支えるクルマも変わる。ドイツ南部のミュンヘン郊外に「空のテスラ」と呼ばれる新興企業がある。電動の垂直離着陸機「ｅＶＴＯＬ（イーブイトール）」を開発する15年創業のリリウムだ。駆動時に温暖化ガスを全く出さないのが売りで、25年の商用化を視野に入れる。機関投資家も出資し企業評価額が10億ドル（約１０３０億円）を超えるユニコーンとなった。こうした空飛ぶクルマメーカーが世界で続々と誕生している。

脱炭素時代の移動手段は化石燃料時代とは全く違う「不連続の発想」から生まれる。技術革新に遅れると命取りになる。

中国の自動車市場で、ある「逆転」が話題になった。米ゼネラル・モーターズ（ＧＭ）と上海汽車集団などの合弁で小型車を手がける上汽通用五菱汽車が、20年7月に発売した小型ＥＶ「宏光ミニ」。9月に販売台数で米テスラの主力小型車

「モデル3」を追い抜いたのだ。航続距離は120キロメートルと近距離移動向けだが、価格は2万8800元（約46万円）からと安い。低価格が話題を呼び、地方都市で爆発的に売れている。

他産業からも参戦

カーボンゼロの申し子、テスラですら安泰ではない新しい競争の時代。日本電産の永守重信会長兼最高経営責任者（CEO）は「30年以降に過半数がEVになれば、車の価格は現在の5分の1程度になるだろう」と予言する。内燃機関を持たないEVは3万点もの部品が必要なガソリン車に比べ、部品点数は4割ほど減少する。参入障壁が下がり、自動車産業以外からの参戦も増える。

トヨタ自動車は街からつくる。21年2月、静岡県裾野市にある約70万平方メートルの工場跡地で、自動運転EVなどゼロエミッション車（ZEV）だけが走る実験都市「ウーブン・シティ」に着工する。豊田章男社長は「3000程度のパートナーが応募している」と力を込める。5年以内の完成を目指し、グループで開発中の空飛ぶクルマが登場する可能性もある。

20世紀のはじめ、米フォード・モーターの創業者であるヘンリー・フォード氏が大量生産方式を確立した自動車産業。生産コストを大幅に下げ、人々に移動の自由を提供し、経済成長の原動力にもなってきた。いまや世界で5千万人を超す直接・間接の雇用を生み出している。

カーボンゼロで産業地図は大きく塗り替わる。自動車メーカーを先頭に発展してきた日本企業も、新しい青写真を描く時だ。

8

走るコペンハーゲン——生活再設計を都市に迫る

（2021年1月11日）

2025年に世界初のカーボンゼロ都市になると決めたデンマークの首都コペンハーゲン市。19年の二酸化炭素（CO_2）排出量は102万トン。計画を作った12年から4割削ったが、あと4年、ここからが正念場だ。

コペンハーゲンでは至る所に自転車専用道が敷かれている。25年に75％の市民が徒歩や自転車、公共交通機関を使うのが目標。そんな世界有数の自転車都市でもまだ車の走行は目に付く。

やれる手をすべて打つ

市は駐車場の閉鎖や大型トラックの市内乗り入れ規制を検討する。電気自動車（ＥＶ）の駐車料金を無料とし、ガソリン車やディーゼル車を値上げするのも一案。あの手この手で市民をクリーンな移動手段に誘導する。

エネルギー分野の仕掛けは大がかりだ。風力発電を100基造るほか、下水汚泥からのバイオガスで暖房に使う化石燃料を減らす。さらに周辺自治体と組み、発電所などで生じるCO_2を大気中に排出される前に機械で回収し、北海の古い油田跡の地中に埋める。多額の資金をかけ、年50万トンのCO_2削減を目指す。

なりふり構わず、やれる手は何でも打つ。市の技術・環境部門を統括するヘデガー・オルセン氏は「目標達成には根本的な変化と政治的な勇気がいる」と話す。まだ対策は足りないとみる。

急進的な対策に戸惑う市民もいる。一部政治家は「市はCO_2削減ばかり追っている」と批判する。節約やリサイクルは当たり前。新技術が投入されても、都市での生活は便利なだけでなく、我慢も強いられる。最先端の都市はそんな生みの苦しみにも直面している。

ノルウェー科学技術大学や信州大学などの国際研究グループが18年に発表した論文によると、世界100都市のCO_2排出量は全体の18%を占めた。「都市主導の削減は大きな改善につながる」。結論は明快だ。国連推計では世界に占める都市人口の割合は18年の55%から50年に68%に伸びる。今から都市の成長に備える必要がある。

米ニューヨーク市はトランプタワーなど世界に名高いマンハッタンの摩天楼に照準を合わせる。同市は温暖化ガス排出量の7割が建物に由来する。中大規模ビルは太陽光発電の導入により、この10年で排出量を23%減らしてきた。さらに19年成立の気候動員法では24年から約5万棟のビルに排出上限を設け、超過すれば罰則も科す。

家庭部門がカギ

効率のよい暖房、断熱性の高い窓ガラス、無駄な作動を減らすエレベーター。不動産業界は必要経費を40億ドル（4120億円）と見積もり反発するが、デブラシオ市長は主張を曲げない。「都市がリードして戦わねばならない。年々暑さが厳しくなる夏、暴風雨は脅威だ」

米国はトランプ政権がパリ協定を離脱した後も地方政府が怠りなく対策を講じてきた。ただニューヨーク市も低所得層の住む地域では対策が遅れている。建物への温暖化対策は家賃の上昇や税負担の拡大などで最終的には住民の肩にのしかかることになる。

日本の自治体も50年排出ゼロを目標に掲げ、デジタル技術を生かすスマートシティー導入を探る。だが、家庭とオフィスを中心にした都市での排出削減は前途多難だ。90年度と19年度のCO_2排出量を比べると、業務部門（商業・サービス・事業所など）は1・3億トンから1・9億トンに、家庭部門は1・3億トンから1・6億トンに増えた。

新型コロナウイルスは都市のありようを変え、人々に在宅勤務や郊外移住を促した。カーボンゼロもまた都市の暮らしや働き方を根底から見直すよう迫る。何を変え、その負担をどう分かち合うか。都市再設計へ新たなコンセンサスを探る時だ。

（2021年1月11日）

インタビュー

気候対策には都市が前面に

東京大学教授　高村ゆかり氏

気候変動は都市こそが対策の主役となるべきだ。都市には国の対策に上乗せした独自の対応を取る権限がある。京都市は一定の面積以上の建物に再生可能エネルギー設備の設置を義務付けている。

交通分野もそうだ。自動車の乗り入れ禁止や、ライト・レール・トランジット（LRT）のような脱炭素・低炭素の移動手段を導入できる。こうした取り組みは住民の合意が必要で、自治体にしかできない。国の役割は補助金などによる後押しで、主役はやはり自治体になる。

自然災害が発生した場合、中心になって対処するのは自治体だ。自然災害の要因とされる気候変動への積極的な取り組みは住民の生命や財産を守り、自治体の負担を減らすことにもつながる。自治体は気候変動に率先して取り組むべきだ。

国内外の大手企業は、再生エネで電力需要をまかない、事業に伴う排出をゼロにできる地域に進出したいという意欲を持っている。都市間の誘致競争では脱炭素の取り組みが不十分な場合、進出先としての魅力がないと判断されるだろう。東京都などが積極的に対策を進めている背景にはそうした事情がある。

政府のグリーン成長戦略では、再生エネの導入議論を深める参考値として２０５０年の発電量の目安を「50～60％」とした。上積みは十分可能だ。

発電量に占める割合は、電力需要の見通しをどう見積もるかでも変わる。政府は50年の電力需要が3～5割増えるとしたが、高めの成長率を前提にした。成長率や電力需要が伸びなかった場合、再生エネの割合はその分高まる。

グリーン成長戦略で評価したいのは、洋上風力を40年に最大４５００万キロワットにするとの目標を掲げた点だ。世界の事業者にインパクトを与え、日本市場に目を向けさせるきっかけになった。国内外から投資を呼び込むには野心的な目標がいる。再生エネ全体でも意欲的な目標を掲げてほしい。

グリーン成長戦略は、二酸化炭素（CO_2）の排出に価格を付ける「カーボンプライシング」にも踏み込んだ。市場メカニズムを積極活用するのは重要だ。CO_2排出量が多い製品には価格を上乗せすることで、脱炭素への貢献度が高い製品を相対的に安価にするほうがよい。

2021年は脱炭素を巡る国際情勢が興味深い。米国が4年ぶりに多国間協調の世界に戻ってくる。気候変動対策の進展への期待は大きいだろう。しかし、この4年で、気候変動対策はビジネスの覇権争いに直結するようになってきた。

オバマ米政権の頃は多国間協調を実現し、気候変動対策に結びつければよかった。ある意味で牧歌的だった。今は新しい脱炭素市場でのビジネス競争が並行して起こっている。協調と同時に競争が必要な時代だ。

そうしたビジネスの国際ルールづくりは、国連気候変動枠組み条約締約国会議（COP）で決まるのではない。環境車を評価する基準やルールは、国際標準化機構（ISO）などCOPと異なる場で交渉が行われる。日本の官民はルール作りの場が変わったことを意識して対処すべきだ。気づいたら手遅れというおそれもある。（聞き手は小川和広）

高村ゆかり
（たかむら・ゆかり）**氏**

京都大法卒、一橋大博士課程単位取得退学。専門は国際法や環境法で、気候変動問題の重要性を長年にわたり指摘してきた。東大では未来ビジョン研究センターに所属。経済産業省や環境省の有識者会議委員を多く務める。

9

生命線の蓄電池
――「リチウムの次」で先陣争い

（2021年1月12日）

アマゾンが基金

米アマゾン・ドット・コムがネットビジネスに続き、カーボンゼロの経済圏づくりに一歩を踏み出した。その行方は、成長と脱炭素をめざす世界経済の将来を映す。

「2040年までに二酸化炭素の排出量を実質ゼロにする」。ジェフ・ベゾス最高経営責任者（CEO）の公約は各国の目標より10年早い。ハードルは高い。売上高が約2割増えた19年、輸送用トラックやクラウドサービスを支えるサーバーの強化で、二酸化炭素の排出量は15％増加した。

切り札が「25年にも再生可能エネルギー100％にする」（同CEO）。電動配送車10万台も導入する。対策の基金を設け、まず投資した一つが電池関連スタートアップの米レッドウッド・マテリアルズだ。

50年に情報関連だけで世界の消費電力は200倍に膨らむ。カーボンゼロの実現には再生エネの大量導入がいるが、太陽光や風力の発電量は天候で大きく変わる。気まぐれな電気を無駄なく使うには、優れた蓄電池が生命線となる。

最有力のリチウムイオン電池は、リチウムイオンが動いて充放電する。リチウムは埋蔵量の約7割がチリなど南米に偏る。蓄電池の需要が拡大すれば、チリは今の原油大国サウジアラビアのような存在になる。中国は日本が輸入するリチウム材料の一つで7割以上のシェアを握る。脱化石燃料で原油の中東依存から解放されても、リチウムの地政学リスクが残る。

そこで新たな蓄電池の開発競争が始まった。

米マサチューセッツ州のスタートアップ企業マルタは、再生エネを長期貯蔵する技術を開発する。米アルファベット傘下で革新的な研究を担うXから18年に独立した。「巨大企業は脱炭素の電気を探し回っている」とマルタのタイ・ジャガーソン副社長は話す。

新技術は電気を熱に変え、「塩」にためる。溶けた塩は大量の熱をタンクに長期保管できる。リチウムイオン電池が数時間単位の蓄電に向くのに対し、原理上は電気を数日から数週間ためておける。必要になったら、熱と冷気の温度差から電気に戻す。コストもリチウムイオン電池より安い。米マイクロソフト創業者のビル・ゲイツ氏が設立した基金も支援する。

元素のイノベーション競争も起きる。東京理科大学などはありふれたナトリウムを使い、リチウムイオン電池の性能を19％上回る電池の実現に道筋をつけた。カリウムやカルシウムの応用を巡る競争も激しい。どの国も、リチウム以外に、大型で安い「もう一つ」の電池を追う。

電池が大量に必要となるのは電動シフトが進む自動車分野だけではない。国際再生可能エネルギー機関は50年に据え置きの蓄電池が３００倍は必要と見積もる。オフィスから家庭まで至る所に蓄電池が入る。

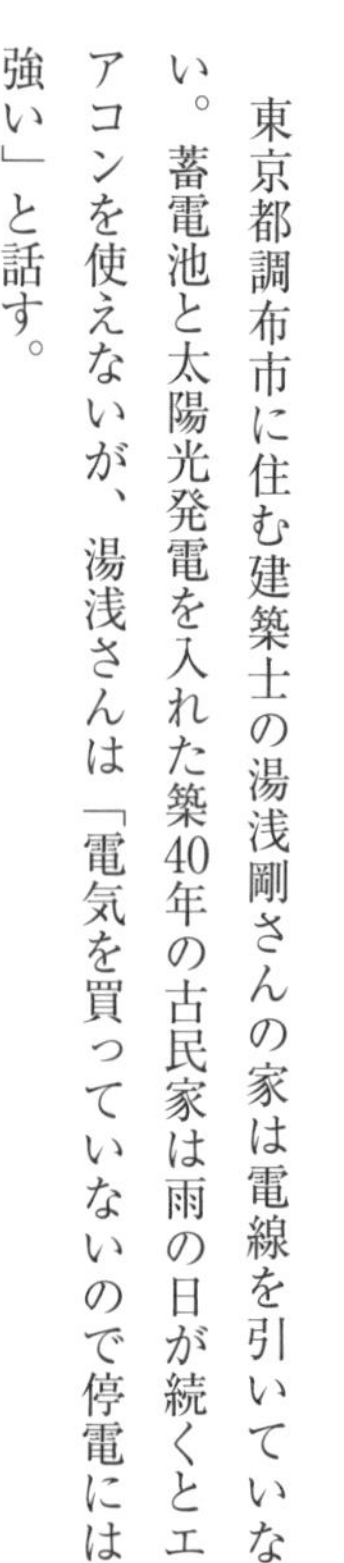

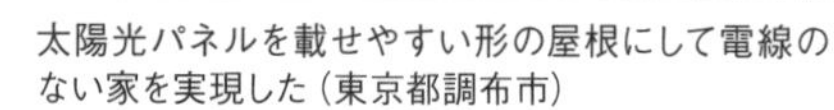

太陽光パネルを載せやすい形の屋根にして電線のない家を実現した（東京都調布市）

電線のない家

東京都調布市に住む建築士の湯浅剛さんの家は電線を引いていない。蓄電池と太陽光発電を入れた築40年の古民家は雨の日が続くとエアコンを使えないが、湯浅さんは「電気を買っていないので停電には強い」と話す。

太陽光発電の併設で蓄電池の価格が1キロワット時あたり4万円前後を下回ると電力会社から電気を買うより節約になる。米テスラが20年に日本で発売した蓄電池は同7万円台と国内勢の3分の1。普及の目安まであと一歩だ。

通信はかつて信号を「送る―受けとる」だけだったが、記憶装置の発達で通信網を流れるデータが爆発的に増えた。電力網も蓄電池を備えることで、カーボンフリーの電気を大量に扱える。データセンターがデジタル社会に必須のインフラになったように、蓄電池はカーボンゼロ社会に欠かせぬインフラになる。

10

240兆円を眠らせない
――賢い財政が成長を左右

（2021年1月13日）

カーボンゼロは企業や家計だけが汗をかいても実現は難しい。政府も従来の財政支出を見直さなければ、温暖化ガスの削減は前に進まない。

安保上の脅威

「気候変動は実在する国家安全保障上の脅威だ。野心的な計画で立ち向かう」。米国のバイデン次期大統領は脱炭素を最重要の政策にすえる。

２０２１年１月20日の就任初日に温暖化対策の国際枠組み「パリ協定」への復帰を表明する見通し。政権１期目の４年間で２兆ドル（約２０８兆円）を環境インフラに投じる。電気自動車（ＥＶ）の充電拠点を50万カ所整備し、数百万人の雇用創出をめざす。

新型コロナウイルスからの経済復興とカーボンゼロ実現の両立をねらった財政出動である「グリーンリカバリー」。国連環境計画（ＵＮＥＰ）は２０２０年12月、各国がグリーンリカバリーを最大限に実施すれば温暖化ガスの排出を最大25％減らせると試算した。

先行するのは欧州だ。フランスは２０２０年９月、経済対策として２年で１千億ユーロ（約12兆６千

バイデン次期大統領は気候変動問題に全力で取り組む方針を宣言した＝ロイター／アフロ

億円）を使うと決め、うち3分の1を環境関連にあてる。英国も30年までに洋上風力発電など10分野に１２０億ポンド（約1兆6千億円）を投じる。

ただ規模を競うわけではない。多くの国が新型コロナで乗客が激減した航空会社の経営を支えるが、フランスやオーストリアは機体の燃費向上などで二酸化炭素（CO_2）排出を減らすことを公的支援の条件にした。オーストリアは鉄道で3時間以内に着く場所とむすぶ航空路線の廃止も求めた。財政支出をカーボンゼロに向けた産業構造の転換につなげる思惑だ。

日本のカーボンゼロの取り組みはどうか。

「２４０兆円を全部使わせようと思ってんだ」。２０２０年10月、菅義偉首相は２０５０年の温暖化ガス排出の実質ゼロを宣言する際、周辺にこう話した。政府が２０２０年12月にまとめたグリーン成長戦略も「企業の現預金（２４０兆円）を投資に向かわせる」と記した。民間投資を呼び込むため、政府は2兆円の基金をつくり、企業の研究開発を助けるという。支援期間を異例の10年間にし、国が関与しつづける姿勢をみせたとされる。

基金は毎年の支出のチェックが甘くなる。使い道や企業の選別はすべて経産省に委ねる。市場関係者は「脱炭素への転換に苦しむ大企業の救済資金となる」と危ぶむ。

名古屋大学の天野浩教授らによると、日本のカーボンゼロには50年までに計１６５兆円の投資がいる。国はどこまで負担するのか。民間のお金を動かすのに基金だけで足りるか。CO_2排出に課税する炭素税のような規制強化は必要ないのか。全体像は見えてこない。

甘い計画はツケ

日本は再生可能エネルギーを買い取って普及させる政策で失敗した。再生エネの比率を10％から15％に上げるのに日本は1キロワット時の電気料金に2・25円上乗せしたが、ドイツはその4分の1、英国は8分の1で済んだ。

再生エネの適地が少ない事情はあるが、未稼働の太陽光設備も見逃せない。制度設計が甘く、発電事業者は買い取り価格が高いときに政府の認定だけ受け、太陽光パネルの値下がりを待って稼働を遅らせた。送電網の運用が電力会社から独立しておらず、太陽光や風力の電気が流れにくい問題も解消されていない。

日本はかつて省エネで世界の先頭を走り、97年には京都議定書の合意に力を尽くした。世界は「日本は気候変動で世界を主導する役割をもう一度担うべきだ」（メアリー・ロビンソン元アイルランド大統領）と期待する。カーボンゼロの実現へ国や会社や暮らしをどう変えるか。日本も官民が力をあわせて見取り図を描くときだ。

第2章

第4の革命 カーボンゼロ

THE 4TH REVOLUTION CARBON ZERO

大電化時代

カーボンゼロを実現するには
化石燃料に取ってかわるエネルギーが必要になる。
太陽光、風力などの再生可能エネルギーや水素・アンモニアを活用し、
自動車のような移動手段は電動化を進める。
蓄電池の開発や送電網の整備も急務だ。
いずれにしても大量に必要なのは、
温暖化ガスを排出しないクリーンなエネルギーで発電した「緑の電気」。
大電化時代がやってきた。

1

緑の世界と黒い日本
――「再生エネが最安」となり電源の主流に

（2021年3月1日）

電化の時代が訪れる。カーボンゼロの達成には化石燃料をなるべく燃やさず、温暖化ガスを出さない電気で社会を動かす必要があるからだ。太陽光や風力を操り、電気をためる蓄電池を押さえた国がエネルギーの新たな覇者となる。日本も再生可能エネルギーの導入と電化を加速するときだ。

オランダ、ロッテルダム港。ひときわ目立つ巨大な風車がゆったりと回る。米ゼネラル・エレクトリック（GE）が製造した世界最大の風力タービンの実証機だ。

1回転で2日分

高さは東京都庁を上回る260メートル。羽根は107メートルと東京ドームの本塁から外野両翼のポールに届く。1回転で1世帯の約2日分の電力を生む。建設中の英国沖ドッガーバンク風力発電所はこのタービンをまず190基建てる。完成時の発電出力は大型原発3基分の360万キロワットで英国の電力需要の5%をまかなう。

デンマーク沖に30年前にできた世界初の洋上風力の発電出力は5千キロワット。羽根の巨大化で1基の出力は約30倍になった。1基建設する日数も28日から半日に縮み、基礎や電線の規格を統一して発電費用が下がった。

「欧州勢が提案する価格の安さには驚かされる」。秋田県由利本荘市の九嶋敏明副市長は舌を巻く。市沖合で計画される大型洋上風力事業は21年5月に入札があるが、欧州勢に有利ともみられる。

国際再生可能エネルギー機関（ＩＲＥＮＡ）の試算では世界の電力需要は50年に48兆キロワット時と17年の２・２倍になる。脱炭素のため石油や石炭の代わりに電気で車や工場が動くからだ。しかも二酸化炭素（ＣＯ２）を出さない電気が要る。再生エネの発電量は７・５倍になり、全体に占める比率も25％から86％に高まる。再生エネによる「大電化時代」が始まった。

オランダ・ロッテルダム港に立つ世界最大の洋上風力発電機の実証機。今後数百本単位で海上に建設される

日本政府は現在ほとんどない洋上風力を再生エネ拡大の切り札とする。40年に発電出力を計４５００万キロワットまで増やす計画だが、由利本荘の洋上風力も出力73万キロワットと英ドッガーバンクの５分の１。20年の発電量に占める再生エネの比率は英国42％、ドイツ45％に対して日本は２割どまり。周回遅れは否めない。

調査会社ブルームバーグＮＥＦは発電所を新設した場合にどの電源が一番安いかを国・地域ごとに調べた。１世帯が４カ月間に使う１０００キロワット時の電気をつくる場合、最も安い電源は日本が石炭火力74ドル（約７８００円）、中国は太陽光33ドル、米国は風力36ドル、英国は風力42ドルだった。日本は太陽光１２４ドル、風力１１３ドルと高い。

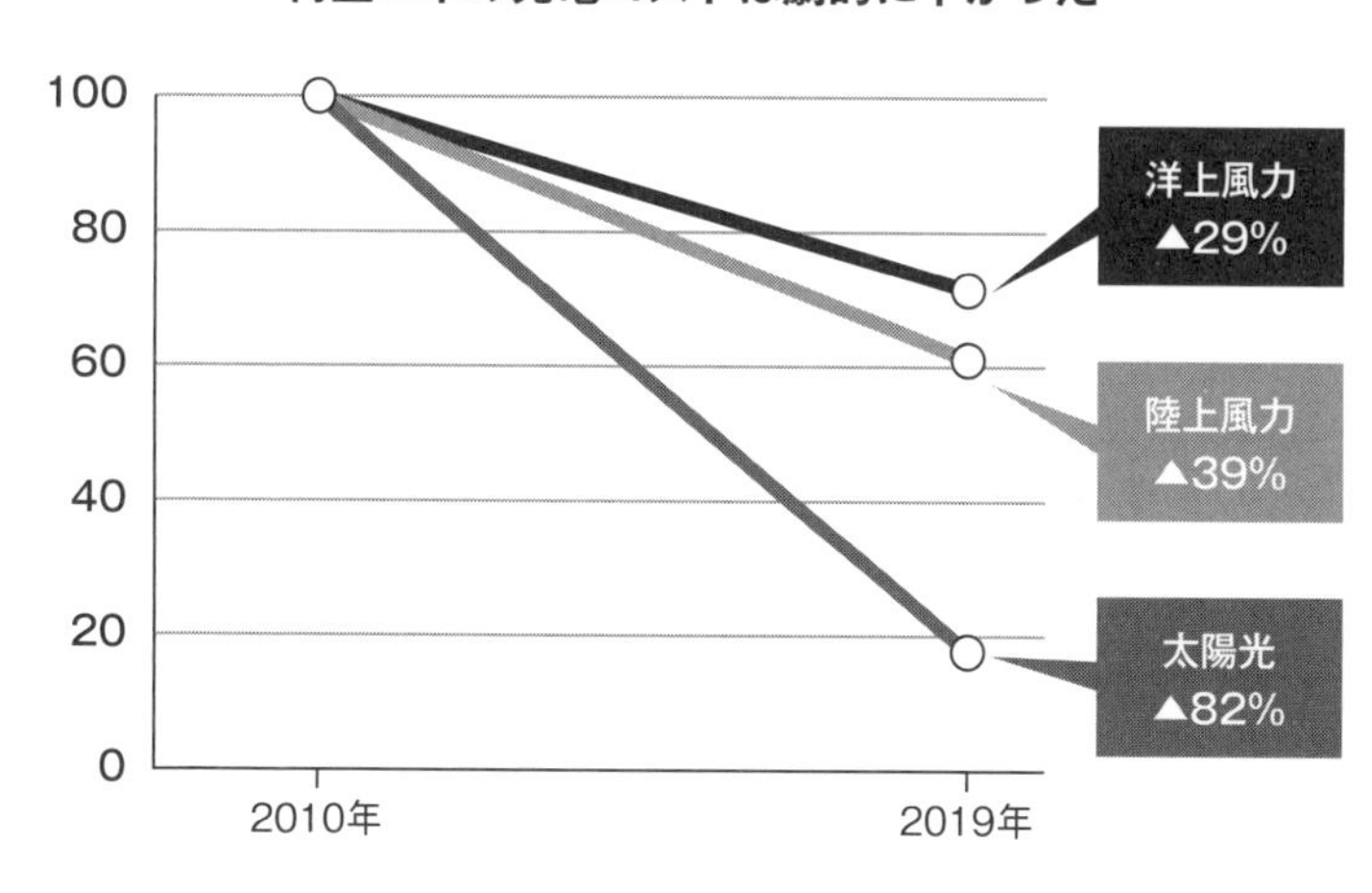

（注）IRENA調べ。2010年を100として発電コストの低下割合を数値化。▲はマイナス

再生エネが最安電源である国・地域の国内総生産（GDP）をあわせると世界の4分の3に迫る。再生エネが最安の国を緑、天然ガスが最安を灰色、石炭ならば黒で世界地図を塗ると「緑の世界と黒い日本」が浮かぶ。

数年前まで石炭やガスが優位だったが、技術革新と規模拡大でこの10年で太陽光は8割、陸上風力は4割安くなった。石炭火力から撤退を進める独電力大手RWEのマルクス・クレッバー最高財務責任者（CFO）は「再生エネのメジャープレーヤーに変身しなければ将来はない」と話す。

日本はクリーンな風力や太陽光を使って発電しても電力会社の送電網につながりにくい。送電網の運用が電力会社から独立しておらず、電力会社の自前の火力発電所や原発の接続が優先される。

送電網が左右

接続の技術面の調査は3カ月以内に終える決まり

世界の最安電源は再生エネに移行しつつある

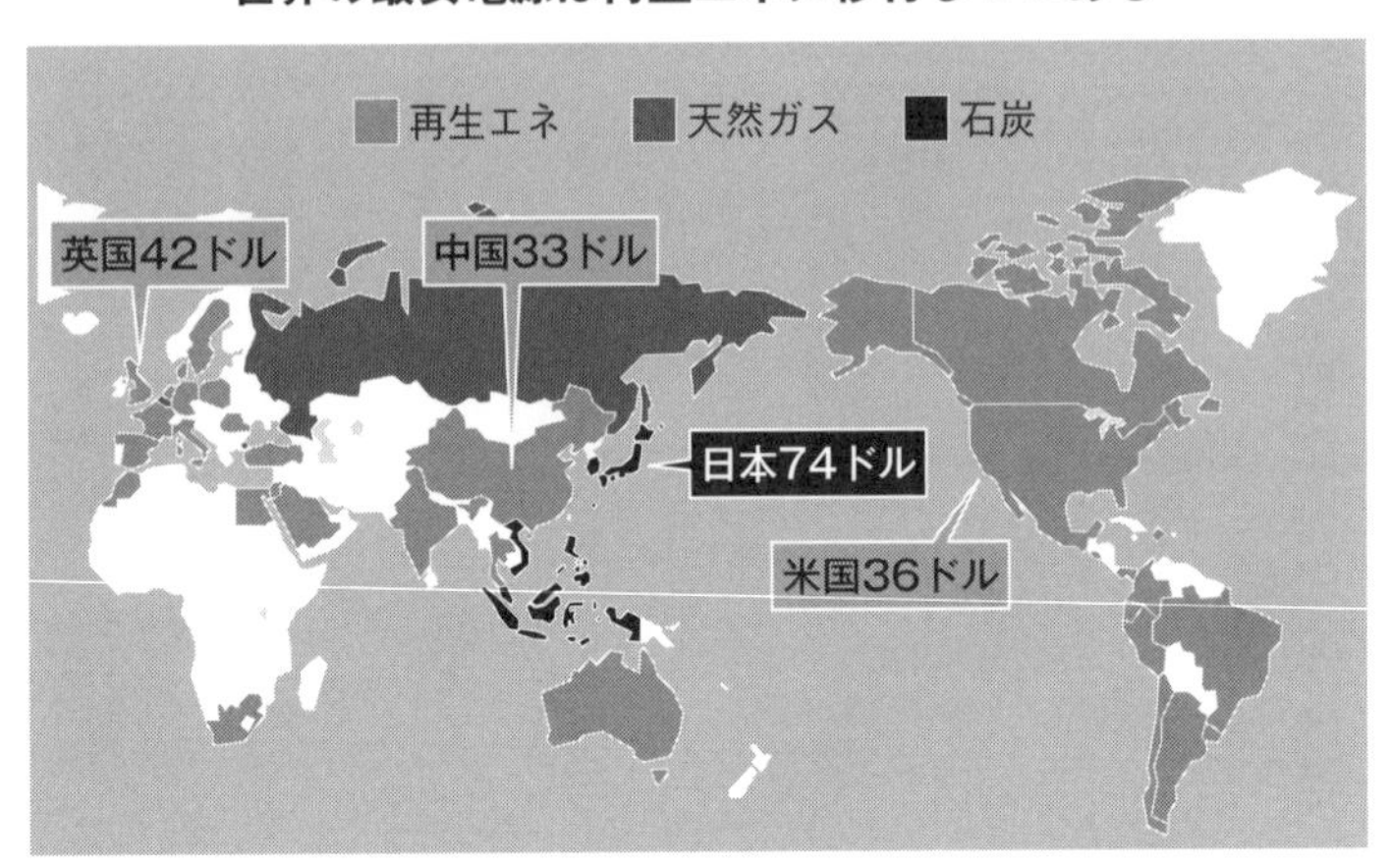

（注）金額は1000キロワット時あたり、白はデータなし
（出所）ブルームバーグNEF

だが、守られないことも多い。1年かかった例がある。平地が広く、強い風が吹く北海道は再生エネの適地なのに、接続と引き換えに電力会社から蓄電池の整備を求められる。周波数安定の名目で数十億円かかる例もある。市民風力発電（札幌市）の鈴木亨社長は「このままでは事業自体が成り立たない」と話す。

英国も風力発電が急増し、送電網の容量が不足した。11年から発電量が多すぎる時は風力などの出力を抑えることで、再生エネも送電網に接続しやすくした。接続までの期間は5分の1に縮み、イングランドの再生エネ導入量は11年の約600万キロワットから17年に約2500万キロワットに拡大した。

日本も21年に英国をまねた制度を全国に広げるものの、抜け道がある。送電網が満杯になれば再生エネの出力を抑えるのは同じだ。英国は送電会社が再生エネ事業者に補償金を払う一方、日本は払わずにすむ。「迷わず止められる。大手電力には楽な制度」と大手電力の幹部は明かす。

カーボンゼロに向けた電化競争は、再生エネを早く普及させた国ほど有利になる。再生エネを妨げる制度を見直し、大量導入とコスト低減の歯車を一刻も早く回さなければ、日本は世界から完全に取り残される。

コラム

英、再生エネ接続容易に、需給に応じ柔軟に運用

（2021年3月1日）

英国で再生可能エネルギーが飛躍的に拡大したきっかけは、2011年に導入した「コネクト&マネージ」という送電線の利用ルールだ。再生エネを送配電網に「コネクト」（接続）させることで発電比率を高めることを目的にした。

それまでは火力発電所や原子力発電所の電気だけで送配電網の容量が一杯になりそうな場合、再生エネは発電しても送電網に接続できなかった。接続には送配電網が増強されて容量に空きができるのを待つ必要があった。新ルールは再生エネも差別なく送配電網に接続させ、さまざまな発電所からの電気の流れを「マネージ」（管理）して調整した。

再生エネは発電出力が天候に左右され、電力供給が送配電網の容量を超えることもある。その場合は再生エネ事業者に出力抑制を求め、電力の需要と供給を均衡させる。その際、発電事業者には抑制を受け入れた対価を支払う。送配電網の容量が空いた時だけ接続できた従来より再生エネ業者にとって投資や採算を計算しやすくなった。

英国の再エネ比率は急増

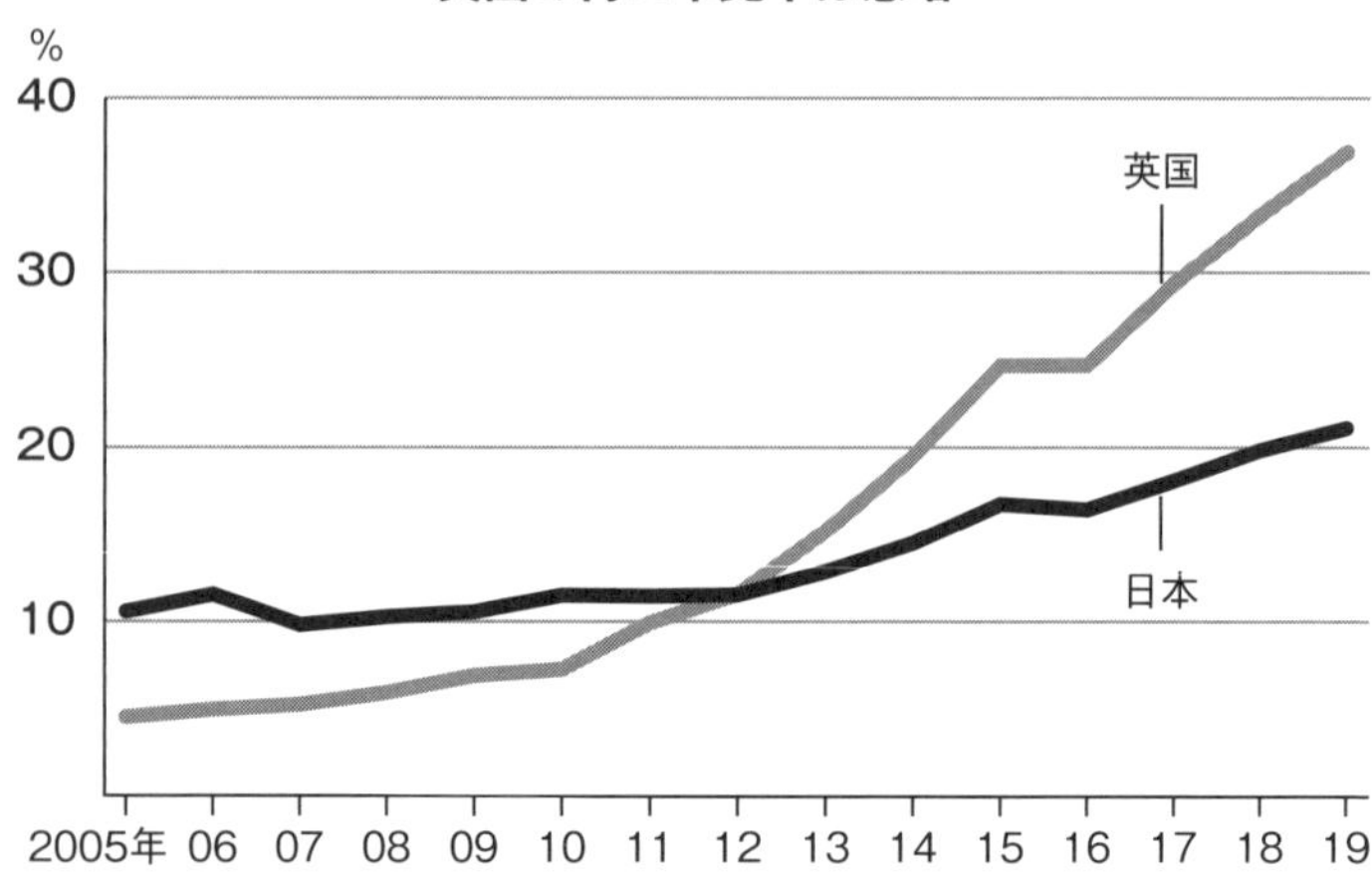

（出所）英オックスフォード大学などが運営するOur World in Data

英国では00年代から風力発電が増えて供給過剰になった。電源に占める再生エネの比率は10年に7％だったが、ルール変更の11年以降に急上昇し、20年は42％だった。

再生エネを主力電源に育てることを目指す日本も18年に「日本版コネクト＆マネージ」を導入した。柱の一つは送電網の空き容量の定義変更だ。

送電網は1本の電線が故障してもほかの電線に電気を流し、停電などを防ぐ。送電網はいつも一定容量の空きが要るが、以前はすべての電源が最大限に発電した瞬間も空きが確保できるように運用されていた。

例えば、燃料費が高く、緊急時以外は動かさない石油火力もフル稼働する前提で空き容量を計算していた。空き容量は小さくなり、再生エネを接続しにくかった。18年からはより実態に近い算定方法に改めた。経済産業省によると原発6基分にあたる約600万キロワットの容量拡大効果があった。

21年からは送電網の混雑時に出力制御を受け入れることを条件に再生エネをつなぐ「ノンファーム接続」が全国で始まった。ただ、出力を抑制された場合に補償がないなど、仕組みが英国と異なる点がある。

2

蓄電池、脱中国の攻防――安保握る戦略物資に
（2021年3月2日）


波ひとつ立たない湖の岸辺に塩の結晶がきらめく。中国西部、青海省ゴルムド市郊外のチャルハン湖。数億年前に海底だったこの場所は、モンゴル語で「塩の世界」という名前の通り、湖水に多くの塩分と金属が含まれる。その一つが蓄電池に欠かせない銀白色のレアメタル、リチウムだ。

周囲には抽出するための塩井（えんせい）が作られ、塩水を吸い上げる特殊船が浮かぶ。こうした塩湖が点在する青海省は2010年ごろからリチウム産業が盛んになった。電池を積む電気自動車（EV）の市場拡大が追い風となり、同省の20年の生産量は世界の約1割に達した。

湖水には多くの塩分とレアメタルが含まれる（中国西部のチャルハン湖）

生産シェア7割

中国はリチウムイオン電池の生産で約7割のシェアを占める。中国共産党は電池の技術革新を重点プロジェクトに格上げし、35年に新車販売の全てを環境対応車にする。戦略の中核を担うのが11年創業の車載電池世界最大手、寧徳時代新能源科技（ＣＡＴＬ）。「我々は世界のトップ企業と競っている。川上と川下が一体となって挑もう」と曽毓群・董事長は取引先に団結を呼びかける。

直近1年で1兆５０００億円もの投資を打ち出す同社は、材料・部品企業にも幅広く出資する。分厚い内需を取り込み海外でも攻勢をかけ、ドイツで初の海外工場を稼働させる。

不安定な再生可能エネルギーをためて調整する蓄電池は大電化時代の戦略物資だ。世界の車載電池市場は30年に現状の10倍超に拡大する。20世紀は石油を握る国が覇権を手に入れたが、21世紀は蓄電池がエネルギー安全保障の要となる。

米国ではバイデン大統領が中国を念頭に、電池など重点4項目で供給網を見直す大統領令に署名した。ＥＶ用電池の約5割を中国からの輸入に頼る欧州でも、新型コロナウイルスによる供給網の断絶で、戦略的な部材を中国に依存するのは危ういとの認識が広がった。

そこで欧州連合（ＥＵ）は1月、加盟12カ国による電池産業への補助金供与を認めた。独ＢＭＷやべ

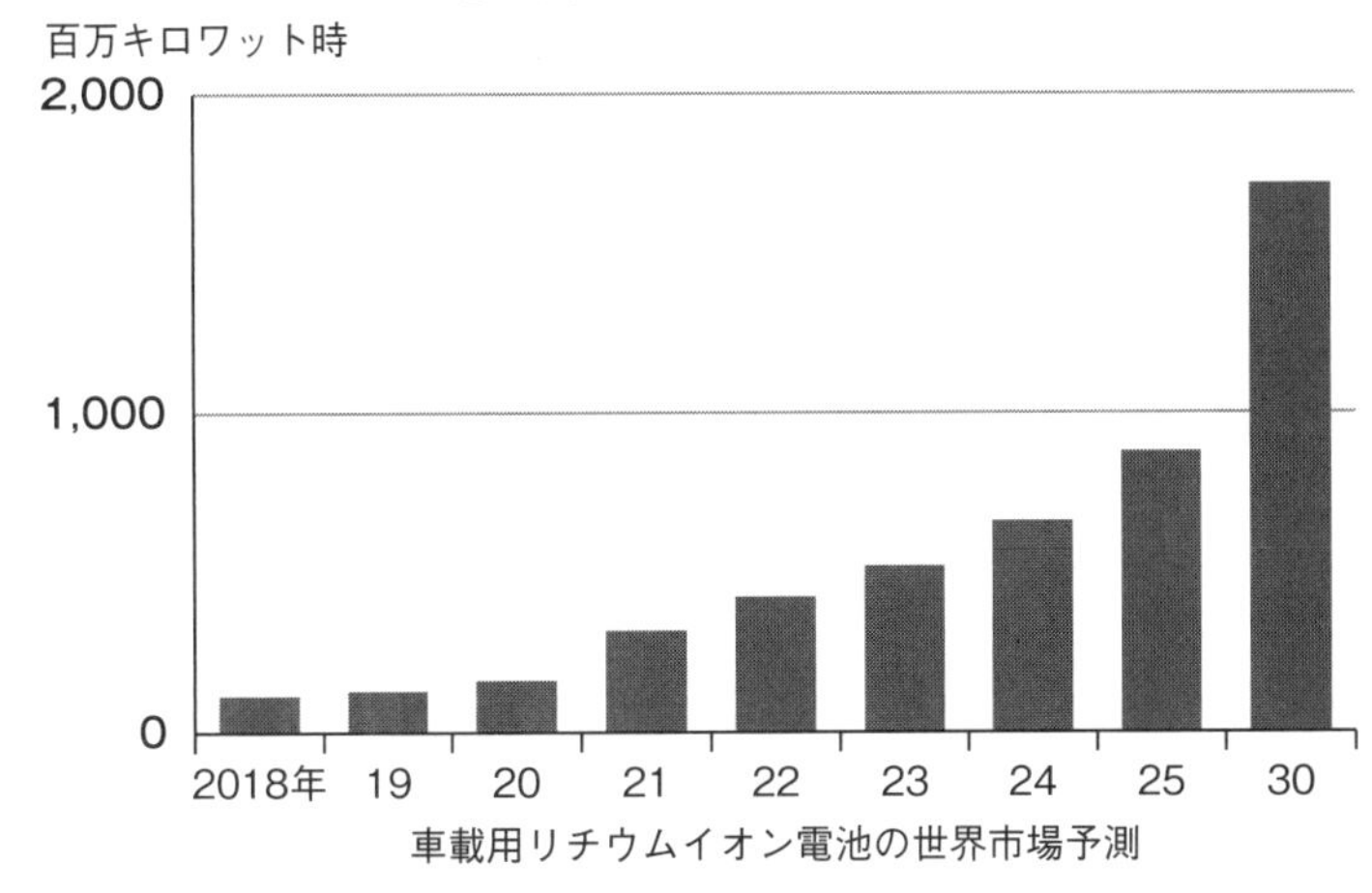

(出所) 矢野経済研究所、20年は見込み、21年以降は予測

ルリンに工場を建設中の米テスラなどが対象となる。「(行き過ぎた) 補助金は域内の競争環境をゆがめる」と話すベステアー上級副委員長も、電池に関しては「政府支援は理にかなう」とルールを曲げる。30年にリチウムやコバルトといった電池原料の再利用を義務化して中国製品を締め出し、域内で持続可能な製造サイクルを作る。

技術で成長余地

鉱石やかん水から抽出するリチウムは、採掘や精製の過程で多くの二酸化炭素（CO_2）が出る。この点に目を付けて、ゲームチェンジをもくろむのがオーストラリアのバルカン・エナジー・リソーシズだ。

ドイツのライン川上流で、地下深くから高温のかん水をくみ上げ、その蒸気でタービンを回し発電する。その後、かん水をプラントに移し、含まれる塩化リチウムを樹脂に吸着させる。これを電気分解してリチウムを取り出し脱炭素を達成する。「資源採掘まで遡って持続可能な手法をとるべきだ」とビンセント・レデュー・ペデエス副社長は主張する。

車載電池で約2割の世界シェアを堅持するパナソニックは3年以内にコバルトを使わない電池を実現する。この希少資源は児童労働が問題視されるコンゴ民主共和国が世界生産の5割のシェアを占め、加工では中国勢が6割に達する。コバルトフリー電池なら中国依存度を下げられる。「欧州自動車メーカーから供給打診が相次ぐ」と佐藤基嗣副社長は明かす。

官民を挙げて蓄電池市場を囲い込む中国も、原料精製や製造過程まで遡ればまだ盤石とはいえない。脱炭素や人権などの課題をクリアした国だけが「緑の戦略物資」を手にできる。

3 新車はすべてCO_2ゼロ

――「灰色のEV」克服へ総力戦

（2021年3月3日）

「月400ドル（約4万2000円）もの通行料などが大きく減った」。ノルウェーの大手水産会社で働くマーティン・ストレビョさんはガソリン車から乗り換えたテスラの電気自動車（EV）「モデル3」に満足する。「デザインがいいし、航続距離も500キロで安心して運転できる」。往復20キロの通勤で乗るが夏なら充電は週1回で済む。

ノルウェーは2025年までに二酸化炭素（CO_2）を排出しないEVや燃料電池車（FCV）の新車しか売れなくなる。すでにガソリン車は道路の通行料や駐車料金が割高だ。20年の新車の54％はEVだった。

欧州ではドイツ、フランス、英国を合計した新車販売に占めるEVの比率は20年に7％と19年の2％から急上昇した。20年12月単月では3カ国とも10％を超えた。

国際エネルギー機関（IEA）によると、世界の乗用車やトラックが出すCO_2は18年に60億トンと全体の18％。カーボンゼロにクルマの電化は欠かせない。世界の車メーカーも動き始めた。

米ゼネラル・モーターズは35年までに全乗用車をEVやFCVにする目標。英ジャガー・ランドローバーも36年までにガソリン車やハイブリッド車（HV）の販売をやめる。調査会社ライスタッド・エナジーのヤラン・ライスタッド氏は「50年のEV保有台数の予測を15億台から18億台に上方修正した」と話す。

充電ステーションが多いことも普及を後押しする（ノルウェーの首都オスロ）＝ノルウェーEV協会提供

生産時に排出増

もっとも、EVは排出ガスこそないが、基幹部品の蓄電池の材料であるリチウムの採掘や精製で大量のCO_2を出し、生産段階のCO_2排出量はガソリン車の2倍との試算がある。化石燃料由来の電気で充電すれば社会全体のCO_2は減らない。劣化すれば「CO_2の塊」である蓄電池を換える必要もある。

日本は電源に占める火力発電の比率が世界でも高い。東京都立大学の金村聖志教授は「生産、走行、廃棄まで考えると、日本ではEVよりHVのほうがCO_2排出量が少ない」と指摘する。

「EV＝地球に優しい」という時代は終わった。水素で走るFCVも含め全体のCO_2排出をどう減らすか。「灰色のEV」を「緑」に変える競争は始まったばかりだ。

部品・素材に波及

「脱炭素の部品や素材だけが工場の門をくぐれる」。独ダイムラーは高級車メルセデス・ベンツの工場を22年からカーボンゼロにするだけではない。取引先にも39年までに脱炭素の部品や素材を納入するよう求めた。

日本の車部品メーカー首脳は「25年にも米アップルの車が登場する」とみる。アップルは取引先から調達する部品や素材も含め、30年までに脱炭素を実現する方針を発表ずみ。EVも同様の調達方針をとるとみられる。

欧州連合（EU）は生産、走行、廃棄までの全体でCO_2排出量を評価する新規制を議論している。いわば車の「一生涯」でのカーボンゼロが求められる。走行時の排出量などを評価する現行規制からの転換となり、本当にクリーンかどうかでEVも選別される。

日本で生産する車の半分は海外に輸出される。世界の潮流は国内産業の屋台骨をも揺らす。日本自動車工業会の豊田章男会長（トヨタ自動車社長）は20年12月、「50年のカーボンゼロに貢献するため全力で挑戦する」と話した。国にも電源を化石燃料に依存するエネルギー政策の抜本的な見直しや欧州や米国、中国と見劣りしない政策や財政での支援を求めた。

裾野が広い車産業で電気や素材まで遡って脱炭素を迫られれば、車メーカーだけでは手に負えない。いかに再生可能エネルギーを普及させ、製造業全体の脱炭素を底上げし、充電設備などインフラを整備するか。日本の基幹産業が投げかける問いに答えを出すときだ。

4

銀座の大家、電力会社に
――「緑の発電」で経営革新

（2021年3月4日）

リクルートホールディングスから「リクルートＧＩＮＺＡ８ビル」を購入するなど「銀座の大家」と呼ばれるヒューリック。派手な取引の裏側で「緑の不動産会社」への転身が進んでいる。

２０２０年10月、埼玉県加須市にある利根川の堤防近くの田園地帯で太陽光発電所がひっそりと稼働した。実はこれもヒューリックの「自社物件」。50年までに８４０億円を投じ、国内３００カ所超でこうした太陽光発電所を設ける。さらに１５０億円かけ、十数カ所に小水力発電所も設置。50年に保有物件の消費電力をすべて再生エネで賄う。余剰電力の販売も検討していく。

ヒューリックの西浦三郎会長

ヒューリックが2020年10月に稼働した埼玉県の太陽光発電所

世界３００社が連合

１０００億円もの巨額投資で脱炭素戦略を推し進める西浦三郎会長はみずほ銀行の副頭取を務め、06年に旧富士銀行系のヒューリック社長に転じたやり手の経営者だ。「気候変動について『想定外』とは言えない段階に入った。不動産会社は良質な建物をテナントに提供しなければならない」と腹をくくる。

同社は、自社事業の全電力を再生エネ由来に変える世界的な企業連合「ＲＥ１００」に参加している。20年10月には環境債の一種である「サステナビリティ・リンク・ボンド」を日本で初めて発行した。25年までに自社分の再生エネ１００％を達成できなければ利率が上がる仕組みで、金融市場にもカーボンゼロをコミットする。

ＲＥ１００には米マイクロソフトや英ユニリーバなど世界３００社弱の企業が参加している。欧米を中心に50社超が再生エネ１００％を達成。それを含め７割超が30年までの１００％達成を目標とする。一方、日本企業は50社が参加しているものの、７割が達成目標年を50年と慎重に構える。ヒューリックのように「緑の発電」に取り組む企業は少数派だ。

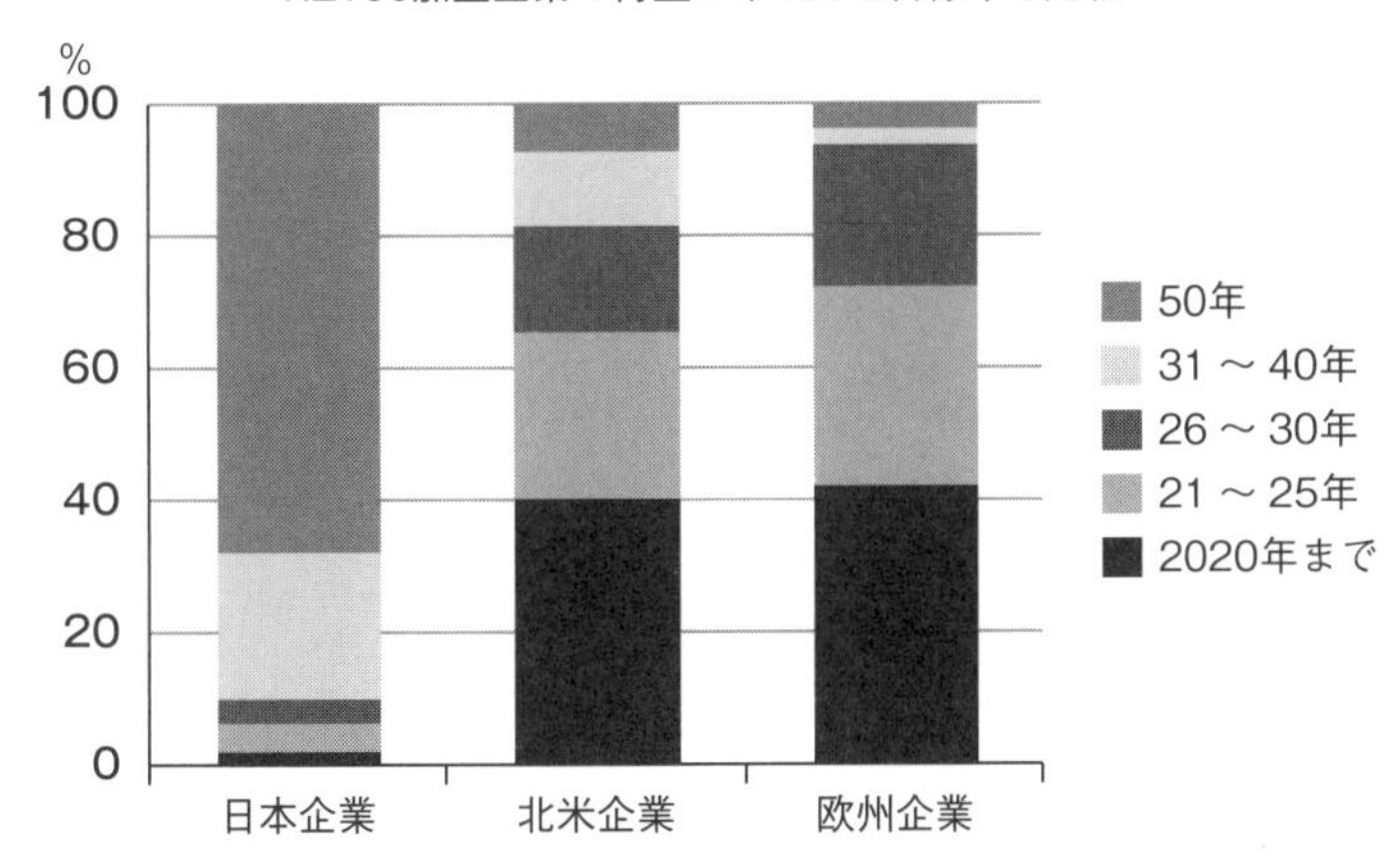

(出所)RE100のウェブサイトなど

遊園地が売電

対照的に欧州には、無数の発電企業がある。ドイツ西部にある遊園地「ホリデー・パーク」。新型コロナウイルスの影響で営業停止を余儀なくされているが、運営会社のベルント・バイツ社長は「想定外の収入がある」と話す。20年に導入した太陽光パネルによる売電だ。

２０２０年11月に企業などの発電設備を束ね仮想発電所（ＶＰＰ）を運営するネクスト・クラフトヴェルケの１万カ所目の契約施設となった。「本来は施設を動かすのに使いたい電気だが、休園でネクスト社に流す量が増えた。７年以内にパネルの投資回収ができる」とバイツ社長は胸をなで下ろす。

ネクスト社は欧州最大のＶＰＰの一つで、組織化して管理する発電能力は８４５万キロワットと原発約８基分に相当する。１９９０年代に１０００カ所ほどしかなかったドイツの発電所は、ＶＰＰを媒介役として約200万カ所に増えた。

多くの企業が再生エネで自家発電し、余剰分はVPPなどを通じて国内外で融通し合う欧州。RE100に参加する富士フイルムホールディングスで環境部門を担う中井泰史氏は「このままだと日本の製造業の国際競争力が低下するかもしれない」と焦燥感を募らす。

同社はオランダやベルギーの工場では、風力発電設備を導入するなどの対策で再生エネ100%を達成した。ところが日本の拠点を含むと、グループ全体での再生エネ利用率はたった9%に下がってしまう。緑の電力を日本でどう調達するか、という難題に頭を抱えている。

電力会社ではなくても企業が当たり前のように発電する大電化時代。かつて円高リスクを嫌って生産拠点を海外に移した製造業が、今度は再エネコストの高さから国内立地を敬遠する。こんな動きが出れば、日本にとって大きな損失となる。

コラム

進化する蓄電池、担うのは？

（2021年3月4日）

2050年までに温暖化ガスの排出量を実質ゼロにする「カーボンゼロ社会」に向けて世界が走り始めた。再生可能エネルギーや電気自動車の利用が前提となり、蓄電池の普及が命運を握る。主力のリチウムイオン電池は中国や韓国の企業が市場を席巻するが、大電化時代にはコスト低下や安全確保、蓄電能力の向上と、さらなるイノベーションが必要になる。日本企業にも商機はある。

世界に先駆けてリチウムイオン電池を商品化した日本は、様々な企業が電池に関わるエコシステム（生態系）を形づくる。

リチウムイオン電池はプラスの電極（正極）とマイナスの電極（負極）の間を電解液で満たした基本構造になっている。電極の間の仕切り（セパレーター）をリチウムイオンが通り抜け、充電や放電を繰り返す。

どの部材が欠けても電気はためられない。いずれかの部材を改良すれば、電池の性能が大きく向上する可能性がある。このため関係企業は様々な工夫を凝らし、互いに競い合う。関連産業も育つ。蓄電の性能を高める添加材の開発のほか、製造や評価試験に携わる企業が名を連ねる。

カーボンゼロ社会では、発電量が変わる再生エネの電気を蓄電し、電力が不足すれば取り出して補うようになる。30年代に入れば、新車は電動車に切り替わる。リチウムイオン電池の世界市場はさらに拡大する見通しだ。富士経済によると、車載用だけで20年に約２・６兆円とみられる世界市場が、24年には7兆円に迫る。

リチウムイオン電池の世界市場は、２０００年ごろは小型タイプのほとんどを日本企業が押さえたが、今や中国と韓国の主要企業が車載用の約7割を占める。今後、電池市場の覇権を握るのはどの企業か。電池の価値が高まり、参画企業が増えれば、勢力図は塗り替わる。部材関連に強い日本企業にも好機が訪れるはずだ。

技術力を推し量る指標に特許の出願件数がある。「電池技術」に関して出願件数（２０００～２０１８年）の企業ランキングを欧州特許庁と国際エネルギー機関（ＩＥＡ）がまとめている。

上位25社のうち、過半数が日本企業だ。中国企業が上位にいないのは、特許出願で国内を優先しているとの見方がある。特許をあえて出願せず、手の内を明かさない企業もいる。それでもランキングからは電池の技術力でなお日本企業が優位な立場にあることがうかがえる。

日本は技術の潜在力でイノベーションを起こせるかが試される。三菱総合研究所が20年に経済産業省の検討会に示した資料によると、各国・地域の蓄電池の生産能力（20年）は中国が年間148ギガ（ギガは10億）ワット時相当なのに対し、欧州は同55ギガワット時、米国は49ギガワット時。日本は8ギガワット時にとどまる。日本は技術力があっても生産につながらず、調達のリスクがくすぶる。事業の巧拙も将来を左右する。

カーボンゼロは息の長い取り組みとなる。より多くの電気をため、安全性も高い電池をめざし、「リチウム超え」の挑戦がすでに始まっている。

産地が限られるリチウムの代わりに、手に入りやすいナトリウムやカリウムを使う次世代電池は注目だ。日本の大学の研究に世界の研究機関が関心を寄せる。

どの技術が生き残るのかを即答するのは難しい。はっきりと言えるのは、カーボンゼロの行方は蓄電池にかかっており、挑戦を続ける企業だけが果実を手にできるということだ。

5 サウジからアンモニア
――再生エネ輸入に熱視線

（2021年3月5日）

国土の狭い日本で再生可能エネルギーをかき集めても限界がある。ならば国境を越え、世界の力を借りる。輸入がカーボンゼロのカギを握る。

2020年秋、サウジアラビアを出た貨物船が日本に到着した。積み荷は40トンのアンモニア。国営石油会社サウジアラムコの関連設備で、天然ガスから作った。国内3カ所の施設に運び込み、火力発電での燃焼実験をした。石炭や天然ガスに混ぜても、アンモニアだけでも燃やせた。

「既存の火力発電所を使えて大きな追加投資もいらない。アンモニアは脱炭素の切り札になる」。実験に関わった三菱商事の松宮史明・石化事業統括部長は話す。

グリーン水素に

アンモニアは燃やしても二酸化炭素（CO_2）を出さない。石炭や液化天然ガス（LNG）に混ぜた分だけCO_2を減らせる。肥料や冷媒として広く流通し、貯蔵や輸送も容易。政府は30年に年300万トンのアンモニア燃料を導入することにしている。石炭火力で燃料の20％に混ぜると、100万キロワットの大型設備6基分に相当する。

オーストラリアでは風力や太陽光で水を電気分解し、CO_2を排出しないグリーン水素を作る。日本に運び、燃料電池車や水素発電に生かす。岩谷産業は水素の製造や輸出で豪クイーンズランド州の州営電力会社スタンウェルと提携した。30年代初頭までに年間28万トンの水素を生産する計画。約30万トンの水素があれば、原子力発電所1基分にあたる100万キロワットの発電所を動かせる。

スタンウェルのリチャード・バン・ブレダ最高経営責任者（CEO）は「シンガポールなどからも引き合いがある」と話す。水素やアンモニアの国際争奪戦が始まり、日本も国を挙げた対応を迫られる。

地元理解難航も

政府は50年までに再生エネが電源に占める比率を現状の3倍近い50〜60％に高める。障害は地理的な制約だ。太陽光パネルを置ける森林を除く土地面積はドイツの半分。洋上風力も適した海の面積は英国の1割強だ。

あつれきも出始めた。

九電工などが長崎県佐世保市の離島で進める太陽光発電。一般家庭約17万世帯に電気を供給する「日本最大規模」の計画だが、地元の合意形成が難航する。目標の年度内の着工は難しそうだ。千葉県銚子沖の洋上風力事業では、地元が設置する漁業振興などの基金への拠出を事業者に求める。

輸入に活路を見いだすのは資源小国・日本の伝統でもある。戦後の高度経済成長も、原動力は原油の輸入にあった。物価上昇や労使紛争の増加で石炭に見切りをつけ、石油にカジを切った1950年代。中東の油田開発にも関与し、エネルギーの安定供給につなげた。

エネルギー自給率は1割程度で、輸入依存は国家の安全保障を危うくしかねない。環太平洋経済連携協定（ＴＰＰ）などをテコに国際協調を進め、供給網を整える努力が欠かせない。原油や天然ガスと同じく、再生エネもまた戦略的な海外調達の腕が問われる。

「80％まで再生エネを導入すると、太陽光パネルを日本中の建築物に設置し、船の航行に支障があるところにも洋上風力を設置することになる」。政府が２０２０年末にまとめたグリーン成長戦略。できない理由を並べたようで、さすがに政府も消去したが、当初はこんな表現が検討された。

世界の視線は異なる。エネルギー調査会社を営むヤラン・ライスタッド氏は「ダムに太陽光パネルを浮かべ、田んぼにパネルを並べる。日本で再生エネを増やす方法はまだある」と話す。限界まで導入し、足りなければ海外に頼る。輸入は再生エネ不足を埋める最後のピースになる。

コラム

アンモニア、低コストは魅力だが、生産時のCO_2排出が課題（２０２１年３月５日）

刺激臭のある液体のイメージが強いアンモニアは、すでに肥料の原料として世界中で利用されている。生産や運搬のインフラは確立しているため、仮に燃料として使う場合でも追加の投資が少なくて済む。カーボンゼロ社会の実現をめざすうえで、このコストの低さは魅力。火力発電で石炭と混ぜて燃やす場合、バーナーなど一部設備を変えるだけで使える。

発電部門は日本の二酸化炭素（CO_2）排出量の4割弱を占める。同部門の脱炭素化を進める切り札として、アンモニアを導入する計画を打ち出す電力会社が相次ぐ。

2020年、先陣を切ったのは東京電力ホールディングスと中部電力が折半出資するJERAだ。2021年度からは愛知県にある碧南火力発電所で石炭火力の燃料の20%をアンモニアにすることを目指す実証事業を始める予定だ。30年代前半には保有する石炭火力発電所の全体に取り組みを広げ、40年代にはアンモニアだけで発電できる「専焼」を始めたい考えだ。

2021年2月には関西電力や中国電力も温暖化ガス排出実質ゼロに向けてアンモニアの活用を進める方針を公表した。

アンモニアの課題は調達先の確保だ。世界全体の生産量は年2億トンほどだが、多くが自国内で肥料・工業用に消費されている。出力100万キロワットの石炭火力で、1基分の燃料の20%をアンモニアにするには年間50万トンほどが必要になる。現状では火力発電などの燃料用はほぼ流通しておらず、一から調達先を確保しなくてはならない。

経済産業省は燃料用として30年に年300万トン、50年に同3000万トンの国内需要を想定するが、大半は海外からの輸入に頼らざるを得ないと見込んでいる。調達先の候補として挙がるのは、アンモニアをつくる際に使う化石燃料を産出する資源国だ。経産省は布石を打ち、1月にアラブ首長国連邦のアブダビ国営石油と協力の覚書を交わした。

ふたつ目の課題はアンモニアをつくる際に生じるCO_2をどう抑えるか。製造には化石燃料を使うため、どうしてもCO_2を排出してしまう。アンモニア自体はクリーンな燃料でも、それでは脱炭素とはならない。鍵を握るのが排出されたCO_2を回収し、地下深くに貯留するCCSと呼ばれる技術だ。いまはまだ開発にお金と時間がかかる。コスト低減に向けた技術開発が欠かせない。

インタビュー

2050年、世界の88%がEVに

調査会社ライスタッド・エナジーCEO　ヤラン・ライスタッド氏

（2021年3月11日）

この数カ月、自動車業界で衝撃的な動きが立て続けに起きた。世界の自動車メーカーが相次いで電気自動車（EV）への全面移行を表明しているのだ。

英ジャガー・ランドローバーは、2036年までに販売する新車をすべて電気自動車など、温暖化ガスを排出しない車にすると発表した。スウェーデンのボルボ・カーは30年、米ゼネラル・モーターズは35年までに実施するという。

これを受けて、EVの需要予測を上方修正した。以前は2050年の保有台数を15億台とみていたが、18億台に引き上げた。

一般的に自動車の寿命は15年くらいだ。このペースで推移すると、30年のEVの保有台数は3億9000万台と全車両の25%にとどまるが、50年には新車販売のすべてがEVとなり、保有台数の88%がEVとなる計算だ。従来予想は30年に2億4000万台、50年に15億台としていた。

EVはガソリン車よりも構造が簡単で、維持補修のコストが安い。普及に向けた一番の課題は電池とみている。ガソリン車の燃料タンクは約300ドル（約3万2千円）と安いが、EVの電池は約5000ドルもする。これが1500～2000ドルまで下がれば、ガソリン車はEVに価格面で太刀打ちできなくなる。

30年代にはガソリン車がEVと価格面で競争するのは難しくなる。これまで各国がEVを普及さ

ヤラン・ライスタッド
(Jarand Rystad)氏
ノルウェーの石油サービス会社や米コンサルティング会社などを経て、2004年にオスロを拠点とするライスタッド・エナジーを設立。エネルギー企業や金融機関に助言している。ノルウェー科学技術大院修了。ノルウェー出身。

せるためには補助金が必要だったが、値下がりでそのうちに要らなくなるだろう。

EVが増加しても、世界の電力需要への影響は小さいだろう。30年代に世界の電力需要に占めるEVの比率は2~3%にとどまるとみている。一方、EVの普及が原油に与える影響は大きい。原油はガソリン車の消費する割合が大きいからだ。20年に原油の世界需要は日量約8900万バレルだったが、EVが急激に普及するシナリオでは50年にその約半分となる日量約4800万バレルまで減少する。

ノルウェーはガソリンエンジン車に高い税金をかけた。EVだと冬場に遠くまで行くには不安だが、街乗りだけならばすごく便利だ。ノルウェーにいる私の周りでは、この5年間でガソリンエンジン車を購入した人を見たことがない。

日本は太陽光発電や風力発電に適した土地が欧州に比べて少ないとの見方もあるが、再生可能エネルギーによる発電を増やす方法はまだある。日本にはたくさんのダムがあり、ダム湖に太陽光パネルを浮かべることもできる。そうすれば水の蒸発を防ぐことも可能だ。畑や田んぼに太陽光パネルを並べれば、農家は作物を育てるよりも収益をあげられる場合がある。1平方キロメートルあたり年200万~300万ドル稼げる例もあるので、経済性がある。

日本は(海外で生産した)水素の輸入を検討しているが、船の運賃が高くなるので厳しいかもしれない。「電気→水素→電気」と変換する過程で60%以上のエネルギーが失われてしまい、蓄電池よりも効率が悪い。航空機・船の燃料として使うならば水素は有望だ。（聞き手は花房良祐）（注：インタビューの内容は21年時点の予想。同社の見通しはそれ以降、研究や分析の結果、更新されている可能性がある）

インタビュー

電池、製造時もクリーンに

住友化学社長　岩田圭一氏

（2021年3月12日）

世界の車載向け電池市場は2025年に年間500ギガ（ギガは10億）ワット時になると予想している。プラグインハイブリッド車分も含む数字だが、電気自動車（EV）で換算すると1千万台に相当する。現状の百数十ギガワット時から市場が伸びるが、中韓勢がシェアを伸ばしている。半導体や太陽電池と同じ道を歩まないように、日本勢も戦略を練っている。

電池を考える上で重要なことが2つ。1つは金属資源の確保だ。リチウムやコバルトなどの資源を押さえることが電池産業の生命線になる。各国が確保に動くなかで、日本勢は決して先頭に立っているとは言えない。個々の企業で力が及ばないところは、日本政府に頑張ってもらいたいという気持ちはある。

もう1つはカーボンニュートラルの視点だ。使用においてはクリーンなEVだが、部材も含め全体の製造過程なども評価する「ライフサイクルアセスメント（LCA）」では二酸化炭素

（CO_2）を多く排出している。つまり、製造工程でCO_2を減らすことが重要になる。

欧州では電池の大規模工場の計画が進んでいる。再生エネの大量導入を背景に、CO_2フリーの電池を作ることが狙いだ。LCAでみてもCO_2フリーのEVが登場するだろう。

岩田圭一
（いわた・けいいち）**氏**
1982年に東大法卒業後、住友化学工業（現住友化学）入社。ディスプレー向け素材などを扱う情報電子化学畑を歩む。18年には電池部材や機能性樹脂部門の統括として専務執行役員に。19年から現職。

CO_2排出が少ない部材の供給を要請される時代が来る。もし、CO_2フリーの部材供給をすぐに求められたとしても、住友化学はすぐに供給することができない。CO_2フリーの電気がないからだ。その時までに日本の電力のCO_2フリー化が進んでいないと、競争力が無くなりかねない。

いまの競合動向をみると、価格競争で中国の電池部材メーカーが優位にある。一方で、日本企業は「擦り合わせ」と呼ぶ工程に強く、技術力では負けることはない。電池と電池部材のそれぞれのメーカーが素材の調合で膝詰めで意見を言い合い、微妙なバランスを取りながら製品を作る手法だ。電池は材料を混ぜてみなければわからない所があり、妥協点を探りあう手法が有効だ。

将来的にはエネルギー密度の高い全固体電池が普及するとみている。現状のリチウムイオン電池では、日本勢も当初は携帯電話やパソコンといった民生品から手掛けてきた蓄積があり、特許などでも優位に立てた。全固体では中国勢なども強い特許を持とうと考えるはずなので、今から警戒が必要となる。本格量産には10年近くかかるとみている。まだ、どの部材がいいのかもわかっておらず、時間がかかるだろう。

全固体が普及する30年ごろまでは、現状の液体系のリチウムイオン電池の改良品が主戦場になると考えている。例えば電池の主要部材である正極材では、素材のニッケルの比率を高め、高容量と長寿命の両立を目指しており、こうした技術を高めていく。

日系の電池部材産業には国内に顧客がいることは重要だ。ＥＶ時代でも電池や自動車のメーカーが国内にいて、量を販売できるかがカギを握る。（聞き手は大平祐嗣）

インタビュー

技術開発、足りぬ資源補う

国際再生可能エネルギー機関事務局長　フランチェスコ・ラ・カメラ氏

（2021年3月22日）


新型コロナウイルスは世界経済に打撃を与えた。ただコロナ禍が再生可能エネルギーの普及に与えた影響は比較的小さかった。再生エネの価格は下がり続け、最も便利な発電方法となっている。

今は新型コロナへの短期的な対応と、持続可能な開発や地球温暖化対策の国際的な枠組み「パリ協定」の長期的な目標を結びつける好機だ。各国政府の公共投資はこれまでに見たことのないほどの規模になっている。民間資金も生かし、送電網や電気自動車（ＥＶ）のインフラ整備、技術革新、人工知能（ＡＩ）などへの投資を進めれば、温暖化対策での成功ストーリーを描ける。

国際再生可能エネルギー機関（ＩＲＥＮＡ）は世界70カ国で温暖化ガス排出削減の目標に関わってきた。途上国向け投資の支援もしていく。11月の第26回国連気候変動枠組み条約締約国会議

フランチェスコ・ラ・カメラ(Francesco La Camera)**氏**

伊メッシーナ大学卒。イタリア環境・国土海洋保全省の持続可能な開発・エネルギー・気候局長を務め、伊政府のCOP代表団にも参画。主要7カ国（G7）の環境大臣会合にも代表団メンバーとして関わった。19年から現職

（COP26）は、目標をさらに高められるかがポイントになる。多くの国が50年までにネット・ゼロを掲げているのは追い風だ。

米中両国の競争は2014年ごろの気候変動を巡る国際競争に影響を与えていた。中国は温暖化ガスの排出量を60年にゼロにする目標を掲げた。60年より早く達成すると思う。30年目標も前倒しできるのではないか。米国のバイデン政権発足とパリ協定再加盟は中国の動きを加速するだろう。

石油や天然ガスなど化石燃料の需給は世界経済を左右してきた。今度は化石燃料に代わる再生エネが地政学を変えるだろう。ただ、電池やその生産に必要なレアアースが地政学リスクとなることはないだろう。レアアースを使う量を少なくしたり、他の材料を用いて電池を作ったり、技術開発が進んでいるからだ。素材をリサイクルする技術もある。レアアースには石油やガスほど依存せずに済むのではないか。

電池や水素、水素と二酸化炭素（CO_2）からメタンを合成する「メタネーション」など、新技術に懐疑的になるのは時代遅れだ。10年前は誰も再生エネが今日のような位置づけになると思わず、「高すぎる」「問題がある」と言っていた。

再生エネから作る「グリーン水素」も30年には十分な価格競争力をつけるはずだ。世界を走るEVは現在の1千万台程度から50年に11億台に増える。将来は再生エネ、グリーン水素、バイオ燃料

がエネルギーの3本柱になる。気候変動の影響を防ぐのに必要なのは、早く実現することだ。

2020年3月、日本で小泉進次郎環境相と会い、明確なビジョンと決意を感じた。日本が再生エネを増やす条件は整っている。2020年は太陽光への投資が進んだ。風力もある。特に浮体式洋上風力は興味深い。今の規模は小さいが、地熱発電には大きな可能性がある。

AIの技術は送電線の制御に活用できる。水素の活用も自動車から長距離の輸送手段へと広がっている。国内で使うためにグリーン水素も輸入しようとしている。日本が技術でリーダーシップを示せる分野といえる。（聞き手は奥津茜）

インタビュー

気候変動は経済と切り離せず

IHSマークイット副会長　ダニエル・ヤーギン氏

（2021年3月30日）

米国は気候変動問題では中国と協力すると聞いているが、他の分野の協力はきわめて難しくなった。米バイデン政権のスタートは（中国との関係で）順調とはいえない。バイデン政権は人権や香港をめぐり歯に衣（きぬ）を着せなくなっている。世界各国の指導者は米中の対立に巻き込まれたくない。2021年の地政学の大問題だ。

中国は（冷戦時代の）ロシアと異なり、世界経済に深く組み込まれている。中国を孤立させる政策はとても難しい。日本は慎重に対応すべきだ。米国との戦略的な関係を抱える一方、世界で最も危険な水域である南シナ海や東シナ海の状況も考える必要がある。

ダニエル・ヤーギン
(Daniel Yergin)氏

米エール大卒。英ケンブリッジ大で博士号。英調査会社IHSマークイット副会長。ベストセラーとなった『石油の世紀』や『市場対国家』などの著書で知られるエネルギー地政学の権威。新著は『The New Map』。

中国の温暖化ガス削減は純粋に大気汚染や地球環境への懸念から出たものではない。原油輸入の依存度を減らし、米欧や日韓が支配する自動車市場に挑戦する戦略的な意図がある。内燃機関（エンジン）で外国に追いつけないとみた中国は一足飛びに電気自動車（EV）への道を選んだ。

トヨタ自動車は自らを「モビリティカンパニー」と位置づけ、独フォルクスワーゲンはソフトウエア中心の企業へ脱皮しようとしている。日本の一部メーカーは燃料電池車の利点が多いと考えているかもしれない。世界最大市場の中国の政策に加え、欧州や米国がEVにシフトすれば、規制や制度が整えられ、EV追随は避けられない。

中東情勢を巡っては（イスラエルと湾岸アラブ諸国が20年に国交を正常化した）アブラハム合意の意味が理解されていない。イランとトルコの脅威、（中東の安全保障からの）米国の撤退という懸念を、イスラエルとアラブ諸国が共有した。中東産油国にとって主要市場はいまやアジアであり、世界のエネルギー市場のバランスは一変した。

15年のイラン核合意をむすんだ米高官が政権に戻り、米国は合意の立て直しを試みている。合意のリスクよりも合意がないリスクのほうがはるかに大きい。バイデン政権はイランとの対話を模索するだろう。

水素の利用機運が高まるが、われわれが4年前に水素の会議を開くと言った際には笑われた。その後、欧州が水素と（水素と併用される）炭素捕捉への関心を急速に高めた。水素が主要燃料となるには規模の経済と技術、政治的実行力が要る。世界の石油ガス企業も真剣に検討し始めた。日本は水素にいち早く取り組み、知識を蓄積した利点は大きい。欧州はエネルギーシステムの複雑さへの理解を欠く中で、水素について政策が乱立している。

過去のエネルギー転換は数世紀かかって実現した。われわれは（脱炭素を）30年で進めようとしている。（エネルギー転換よりはるかに容易な）新型コロナウイルスのワクチン接種すら欧州は手間取っている。

新型コロナで財政出動した結果ふくらんだ債務の重みは人々が考えるよりずっと大きい。各国政府は気候変動とともに経済の安定を保つ必要もある。環境政策を経済全体から切り離して考えることはできない。（聞き手は岐部秀光）

第3章

第4の革命　カーボンゼロ

THE 4TH REVOLUTION CARBON ZERO

Hを制する

ロケットを飛ばすほどのエネルギーを生み、
燃やしても温暖化ガスを出さない水素。
宇宙で最も多く存在する元素「H」は究極の資源として、
脱炭素の主役候補に躍り出た。滞留すると爆発する恐れがあり、
その取り扱いは難しい一面もある。
再生可能エネルギーからつくるグリーン水素はまだまだコストが高い。
技術を革新しHを制する者が、カーボンゼロの勝者となる。

1 水素、緑も青も総力戦
――2050年には全エネルギーの16％に

（2021年5月3日）

投資は33兆円超、コスト減を競う

原子番号1番、元素記号H。「水素」が温暖化ガス排出を実質的になくすカーボンゼロの切り札に浮上した。宇宙の元素で最も多い水素は枯渇せず、燃やしても水になるだけ。究極の資源Hを制する競争が始まった。

オーストラリア南東部のビクトリア州ラトローブバレー。日本の発電量240年分に当たる大量の低品位石炭、褐炭が眠るこの地で2021年1月、水素の製造が始まった。

採掘したての褐炭を乾燥させて砕き、酸素を注入して水素をつくる。1日あたり2トンの褐炭から70キログラムの水素ができる。年内にはセ氏マイナス253度で液化した水素を専用船で日本に運ぶ。

川崎重工業の子会社、ハイドロジェン・エンジニアリング・オーストラリアの川副洋史取締役は「製造、液化した水素を海上で大量輸送する供給網をつくるのは世界初」と話す。2030年代の商用化後は水素製造時に出る二酸化炭素（CO_2）を約80キロメートル離れた海岸沖の地底に埋める。

脱炭素の王道は太陽光や風力など再生可能エネルギーによる電化だが、大型飛行機は電気で飛ばすの

低品位の褐炭から水素を製造する（豪南東部ラトローブバレー）

が難しい。高温で鉄鉱石を溶かす高炉も電気では動かない。水素は燃やせばロケットを飛ばせるほどのエネルギーを生み、CO_2も出さない。カーボンゼロの最後の扉を開くカギとなる。

英石油大手ＢＰは「カーボンゼロならば50年の最終エネルギー消費の16％を水素が占める」とみる。「世界でも安い水素の供給源は限られる。もたもたしていると他国にとられる」。水素を成長事業にすえる千代田化工建設の森本孝和フロンティアビジネス本部副本部長は焦りを隠さない。

事業計画は２００以上

世界はすでに総力戦に入った。世界の関連企業でつくる「水素協議会」によると、２０２１年１月までに世界で２００以上の事業計画が公表された。投資額は合計３０００億ドル（約33兆円）を超す。

無色透明の水素を専門家は製法で「色分け」する。石炭や天然ガスなど化石燃料から取り出すと「グレー」。いま流通する工業用水素の99％がそうだが、CO_2は削減できない。豪州の例のように化石燃料由来でも製造過程でCO_2を回収すれば「ブルー」。そしてCO_2を出さない再生エネの電気で水を分解してつくる「グリーン」だ。

欧州連合（ＥＵ）はグリーン水素に傾斜する。30年までに水を電気分解する装置に最大４２０億ユー

グリーン水素は価格低下が見込まれる
（1キログラムあたりの製造コスト）

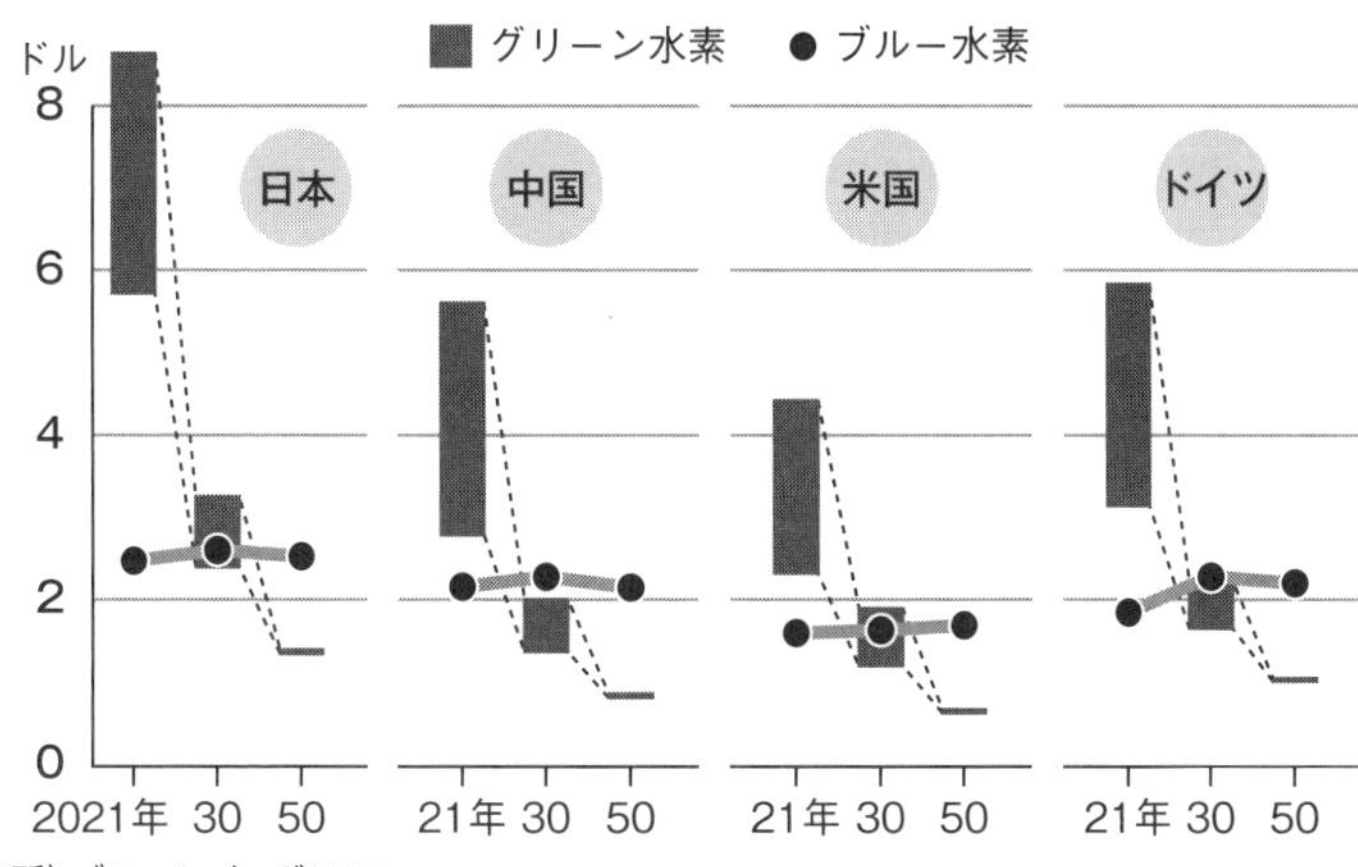

（出所）ブルームバーグNEF

ロ（5兆5千億円）を官民で投じ、日本の30年目標の3倍超の年1000万トンをつくる。いまの製造コストはブルーより高いが、再生エネと電解装置の値下がりで将来は逆転するとの見方もある。

ロシア、カナダなど資源大国はブルーに前向きで、サウジアラビアや豪州のように両方をてがける国もある。ブルー水素に生き残りをかけるオイルメジャーの思惑もからみ、水素の「規格争い」は一筋縄ではいかない。

コストが普及を阻む。水素を製鉄に使う場合、1キログラム1ドル（約109円）が実用化の目安とされるが、いまの生産コストはブルーが同2～3ドル、グリーンが同2～9ドルとまだ高い。日本で水素を発電に使うなら同2ドルで採算があうが、現状で豪州からの輸入液化水素は同17～18ドルと上回る。

炭素税の導入も課題だ。石炭を使う高炉の代わりに水素で鉄を還元する方法に切り替えると、鉄鋼製

水素は製造過程で色分けされる

	製造方法	CO_2	1キログラムあたりのコスト
グレー	天然ガスや石炭などから水素を取り出す	大気中に放出するため温暖化の原因に	1～2ドル
ブルー	天然ガスや石炭などから水素を取り出す	回収・貯蔵することで排出を実質ゼロに	2～3ドル
グリーン	水を再生可能エネルギーで電気分解して水素を生成	製造工程で発生しないため環境に優しい	2～9ドル

（注）コストはブルームバーグNEF調べ、日米独中の数値

品は値上がりする。調査会社ブルームバーグNEF（BNEF）は水素が1キログラム1ドルに下がった場合、CO_2 1トンあたり50ドル前後の炭素税をかけると長期的に水素製鉄が高炉より優位になると試算する。炭素税が高炉の鉄鋼価格を1～2割押し上げるとみられる。

戦略再考の時

日本は17年に世界初の水素戦略をまとめ、関連特許の出願数も首位。世界をリードできるはずが、日本企業関係者は外国政府との折衝で「日本は導入が遅くてイライラする」とよく言われる。

EUは50年までに官民で最大4700億ユーロを水素に投じ、米バイデン政権も研究開発を支援する。日本は脱炭素基金から3700億円をあてるが、迫力不足。BNEFによると国内総生産（GDP）に対する水素関連予算の比率は韓国や仏独が0・03%に対し、日本は3分の1の0・01%にとど

まる。

大気汚染が深刻だった60年代、液化天然ガス（ＬＮＧ）は硫黄や窒素をほぼ含まない「無公害燃料」と呼ばれた。リスクも大きかったが、東京ガスと東京電力が共同調達で手をむすび、旧通産省が後押しするオールジャパン体制を構築。世界に先駆けて供給網を整え、アジアに関連インフラを輸出するまでに成長した。

「夢の燃料」と呼ばれる水素。ブルーかグリーンか、輸入か国内生産か、炭素税はどうするのか。日本が初めてＬＮＧを輸入してから約半世紀。カーボンゼロに向け、官民一体で再び見取り図を描くときだ。

2 見えてきた新・生態系
――水素都市へ走る中韓

（2021年5月4日）

中国南部の広東省仏山市高明区。経済発展に伴って立ち並ぶ高層マンションの間を縫うように路面電車が静かに走る。よく見ると給電に必要な架線がない。燃料電池を載せて水素（元素記号Ｈ）で走る「高明有軌電車」だ。

15分間の水素充てんで100キロメートル走り料金は路線バス並みの2元（30円強）。地元に住む徐さんは「子どもと公園に行くのに使う。音が静かで快適だよ」と話す。2019年11月から運行を始め、20年の1日当たりの乗客数は1千人を超えた。

国家主導で需要

仏山市では水素で走るバスやトラックが約1500台運行し、中国全土の普及台数の約2割を占める。広東省には製造業が集積し材料となる樹脂製品工場も多く、副産物で水素が出る。市は18年から本格的に関連産業を振興し、数十の燃料電池関連企業が集まる。

世界最大の水素生産国である中国。現状は工業用が大勢を占める。そこでいくつかの都市を仏山のような「水素都市」に選定。インフラを整えやすい商用車や鉄道に投資を集中し、国家主導で需要を作り出す。新エネルギー・産業技術総合開発機構（NEDO）によると、19年9月時点で中国を走る水素燃料車の99％超が商用車だった。

現在は生成過程で二酸化炭素（CO_2）が出る「グレー水素」が主流だが、再生可能エネルギー由来の「グリーン水素」でも手を打つ。北京市に隣接する河北省張家口市の農村地帯。小高い山に数百メートルの間隔で風車が幾重にも並ぶ、風力発電が盛んな場所だ。

同省の国有企業は、この電力を使って水を分解し水素を生成する世界最大級の装置をつくった。欧州で固体水素の貯蔵技術を誇るマクフィーなどの技術協力を得て、設備やパイプラインの整備を進め、年間約1500トンの水素生産を見込む。調査会社の米ブルームバーグNEF（BNEF）のアナリスト、テングレル・マルティン氏は「水素を生成する水電解装置は半分以上が中国市場で売れる」と指摘する。

強引にも映る市場創出で水素大国をめざすのは中国だけではない。

韓国南東部の蔚山（ウルサン）。現代自動車が旗艦工場を置く人口１１５万人の工業都市を、韓国国土交通省は19年12月「水素モデル都市」に指定した。石油精製の過程で年間82万トン出る水素を使い、生産から消費までの生態系を整える。

蔚山市の燃料電池車（ＦＣＶ）の登録数は２０００台と韓国全体の約2割を占める。購入時に半額が

水素で走るバスが日常の足として使われる（中国・広東省仏山市）

中国・河北省の農村地帯には小高い山に風車が幾重にも並ぶ

韓国・蔚山市は公用車としてＦＣＶを積極採用する（同市役所）

補助され、現代自のネッソ（NEXO）なら3400万ウォン（約330万円）で買うことができる。水素ステーションの設備費に至っては全額を公的補助。市によると一部では黒字化した。

翻って日本はどうか。09年、世界に先駆けて家庭用燃料電池（エネファーム）を実用化し、14年にはトヨタ自動車が世界初の量産型FCV「ミライ」を発売した。水素大国を目指し技術では先頭を走っていたのに、市場の育成で中韓の後じんを拝す。

供給網を生かせず

官営八幡製鉄所が整備され日本の近代産業発祥の地である福岡県北九州市の八幡東区。街中を長さ1・2キロメートルの水素パイプライン「街中パイプライン」を管理。実証住宅などに置かれた燃料電池に供給する。

街中を走るパイプラインで日本製鉄の工場から水素を供給している

ンが走る。日本製鉄が製鉄過程で生まれる水素を供給し、岩谷産業が世界でも珍しい「街中パイプライン」を管理。実証住宅などに置かれた燃料電池に供給する。

このプロジェクト、世界に先駆け10年度にパイプラインによる水素供給実験を始めたが、5年で一度打ち切った。18年度に再開したが2022年春にまた一部実験が終わる。官民一体で中韓のような「水素生態系」をつくり上げているとは言いがたい。せっかくの供給網を生かさなければ、日本だけ置いてきぼりだ。

3 水素を阻む縦割り規制
――新ルールで市場創造

（2021年5月5日）

水素（元素記号H）の普及を阻むのはコストや技術だけではない。規制も高いハードルとなる。「車検を通ったのに水素を充てんできない」。奇妙な出来事が日本の燃料電池車（FCV）で起きている。ガソリン車や電気自動車（EV）は通常の車検のみで利用できる。FCVの水素を貯蔵するタンクは車検の対象外だ。国土交通省とは別に経済産業省所管の検査が要る。車検との間隔があわない場合があり、空白期間が生まれる。

「タンクの横に貼ったシールで検査の期限が分かる。期限切れの場合はお客様に説明して帰ってもらう」と水素ステーションの運営者は話す。

FCV活用に影

全国に約100台あるFCバスは大型の燃料電池を載せ、地震や台風による停電時の非常用電源としても期待される。もっとも、学校などの防災拠点にFCバスから電気を送るには20日前までに自治体に届けておく必要がある。いつ起こるかわからない停電の備えとしては使いにくい。

日本で水素は危険物扱い。たしかに水素は滞留すると爆発しやすく、漏れれば空気中に逃がす必要が

水素を充てんする女性。韓国はＦＣＶ分野で規制緩和を進める

ある。２０１２～13年のアンケート調査では２割強が「水素はガソリンより危険」と答えた。

水素の製造装置を開発する英ＩＴＭパワーのグラハム・クーリー最高経営責任者（ＣＥＯ）は「水素はとても軽く、もし漏れても数秒で消える。ガスや燃料よりも危険度が低い」と話す。海外では安全に配慮しつつ水素を利用する動きが広がる。

韓国政府は19年、南東部の工業都市、蔚山（ウルサン）を水素特区に指定した。韓国では動力源としての燃料電池は乗用車とバスに限るが、特区の蔚山はフォークリフト、船、ドローンにも応用できる。燃料電池の関連産業を育てる思惑だ。

同年には国会敷地内に水素ステーションも開いた。規制の特例を活用したもので「水素は危ない」という不安を払拭する宣伝効果を期待する。ＦＣＶに力を入れる現代自動車は日本市場もねらう。

英国北東部では２０２１年春、ガス管に20％の水素を混ぜる実験が本格化する。水素の混入分だけ温暖化ガスを減らせる。19年にキール大学で始まった実験の第１段階は成功し、規模を広げる。

実験に参加するＩＴＭパワーによると、英国では１９６９年までガス管に60％の水素が混ざっており、北海ガス田の発見後にガス１００％になった。クーリーＣＥＯは「50年までにガス管を通る水素を１００％にしたい」と話す。英国では水素はガス管に０・１％しか混ぜられないが、特別に規制を緩めて実験する。

欧州のエネルギー企業など90社超も2021年3月、欧州連合（EU）の欧州委員会にガス管への水素混入を広げるように求める要望書を出した。既存インフラを使えるガス管混入は、短距離では水素の最も安い輸送手段とされ、需要を押し上げる効果も大きい。

韓国は専用の法律

日本は混合規制そのものがなく、ガス事業者に対応が委ねられる。日本ガス協会の広瀬道明会長（当時）は2021年3月に「既存のガス管を活用する発想が大事」と語っており、統一のルール作りを急ぐ必要がある。

日本で水素は化学プラントなどを対象にした高圧ガス保安法で主に規制される。韓国は水素の活用や安全規制をまとめた「水素経済法」を制定した。日本の企業関係者は「水素を推進したいならば、水素専用の法律が必要だ」と指摘する。

国が安全性を担保するのは当然としても、水素利用を想定しない古い枠組みで縛れば規制もちぐはぐになる。水素社会という新市場を創造するには新しい枠組みを用意するのが近道だ。このままでは他の脱炭素技術と同様、水素も技術で勝って普及で負けかねない。

4

鉄・飛行機に迫る転換
──世界の産業勢力図を左右

（2021年5月7日）

スウェーデン北部イェリバレ。2021年3月、1300億円かけて画期的な製鉄のプラントをここに建設することが決まった。同国鉄鋼大手SSAB、鉱山大手LKAB、電力大手バッテンファルの3社が共同で取り組む「HYBRIT（ハイブリット）」プロジェクトだ。

プラントでは、再生可能エネルギーの電気でつくった水素（元素記号H）で鉄を生産する。小型の高炉1基分に相当する年130万トンの鉄を2026年までにつくる。

これまでは高炉と呼ぶ設備で石炭由来のコークスを使い、セ氏2000度以上の高い熱で大量の鉄を生産してきた。コークスの炭素と酸素が結びつき二酸化炭素（CO_2）が発生。粗鋼生産1トンあたり2トンも出る。

SSABなどはコークスの代わりに水素を使い、CO_2排出ゼロの鉄をつくる。既に20年8月31日に同国北部のルレオで高さ50メートルの試験プラントを稼働させた。立ち会ったロベーン首相は「本日、20年後に我が国の鉄鋼業界が完全に脱炭素を達成するための基礎を築く」と宣言した。

地下30メートルの近場に100立方メートルの洞窟を掘り、水素を大量に貯蔵する準備も進めている。

調達費用高く

顧客であるトラック大手ボルボは自動車用鋼材を共同開発する。ハイブリット運営会社のアンドレアス・レグネル会長は「数年前はバカげていると言われることもあったが、今は多くの企業が、水素が当然の解とみなすようになった」と話す。

日本勢の研究も進む。日本製鉄の東日本製鉄所君津地区（千葉県君津市）。大型高炉の近くで16年に試験炉が稼働し、水素を使ってCO_2排出量を1割減らした。30年までの実用化を目指す。

水素製鉄などの実現には4兆～5兆円の設備投資がかかり水素の調達費用も高い。政府の水素の利用目標は50年に2000万トンだが、国内生産を全て水素製鉄にすると年700万トン必要になる。

現状で日欧の水素の活用法は異なる。SSABなどが専用設備を使う一方、日鉄は従来設備を使って投資コストを抑える。コークスも使いながら高炉内へ水素を吹き込むため、目指すCO_2排出は3割減と限定的だ。

国内鉄鋼業が出すCO_2は製造業の4割もある。JFEスチールの北野嘉久社長は「カーボンニュートラルを制した鉄鋼企業が成長する」と話す。

新供給網に狙い

「鉄は国家なり」。プロイセン（現ドイツ）の宰相、ビスマルクの1862年の演説に代表されるように鉄は国力を象徴してきた。産業の主役がデータに移ってからも世界の粗鋼生産量は増えてきた。良質な鉄は自動車や機械産業に欠かせず、鉄鋼はなお国の基幹産業の一つ。製鉄の脱炭素の成否は世界の産業勢力図を左右する。

脱炭素に向けた水素の活用は鉄以外にも広がる。欧州エアバスは、水素をガスタービンで燃やして飛ぶコンセプト機「ゼロｅ」の投入を35年に目指す。バイスプレジデントのグレン・ルウェリン氏は「蓄電池の搭載より、水素の方が重量あたり数千倍のエネルギーがある」と指摘する。

大きな動力と長距離の燃料が要る大型の飛行機は、電気自動車（ＥＶ）のように蓄電池で動かすのは難しい。水素用エンジンやタンクといった新たな供給網に参画しようと日本勢も躍起になる。

１９１０年代、のちに英国の首相となるチャーチルは英海軍の燃料を他国に先駆けて石炭から石油に切り替えると決断。軍艦の速度と航続距離を伸ばし、英国は第１次世界大戦で戦勝国の一つとなった。

チャーチルが「石油の世紀」の扉を開けて果実を手にしたように、どの国や企業が「水素の世紀」を開くのか。激しい技術開発競争の先に宝の山が眠っている。

試験高炉を使った水素製鉄法の研究開発が進む（千葉県君津市の東日本製鉄所君津地区）＝日本製鉄提供

5 バラバラの水素政策
――求む、脱炭素の司令塔

（2021年5月8日）

化学コンビナートから副産物として水素（元素記号H）が出る山口県周南市。燃料に活用しようと2015年度に水素活用計画を策定した。

水素はセ氏マイナス253度に冷却して液化し、タンクローリーで市内にある水素ステーションに運ぶ。真空断熱のタンクに蓄えられ燃料電池車（FCV）に充てんできる。隣接する卸売市場には燃料電池を置き、場内の電気や熱をまかなう。

山口県周南市では化学コンビナートの副産物として水素が生まれる

虎の子電池撤去

一連の水素供給網を整えるには数億円の費用がかかる。地元の取り組みを支えたのは全額負担した環境省だ。ところがこのプロジェクト、2021年度で終了する予定だ。「どうにか水素の取り組みを続けたい」と新産業推進室長の吉村渉氏は模索する。

水素ステーションも利用が伸び悩む。市内のFCVは公用車を含め

東京五輪の選手村は大会終了後、「水素タウン」に生まれ変わる

て約30台。一般的に収支が釣り合うには７００～８００台の商圏が必要だ。市は２００台の普及を目指すが、購入資金を補助しても水素充てんの不便さから呼び水にならない。

東京五輪終了後、選手村から分譲・賃貸マンションに生まれ変わる「ハルミフラッグ」では、東京ガスなどがエリア内でつくった水素を23年度から総距離約1キロメートルのパイプラインで送り込む。パナソニック製の燃料電池で発電した電気は、共用部の街灯などに供給される。世界でも類を見ない規模の水素タウン事業。主導するのは東京都だ。

国や自治体がバラバラに進める水素プロジェクト。国連環境計画・金融イニシアティブ特別顧問の末吉竹二郎氏は「総合的な政策がとれていない」と指摘する。経済産業省と環境省の主導権争いが絶えず、経済産業省内部でも水素そのものと水素に近いアンモニアで担当部局が異なる。

欧米は官民一体

水素活用予算は経産省、環境省、国土交通省などにまたがっている。21年度予算では、経産省が水素社会の実現に向けた事業として約７００億円を確保し、環境省は水素活用などの支援事業に65億円を計上。国交省はＦＣＶなどの普及促進に4億円を用意するといった具合だ。

エネルギー政策と環境政策を別々の省庁が担当していたスペインでは、18年に一元化し「環境移行省」が発足した。欧州全体でも官民一体の「クリーン水素連合」を立ち上げた。バイデン政権が野心的な気候変動対策を掲げる米国では、民が市場を探り当て、官がすぐにバックアップする素地が整う。

米コネティカット州南部にある港町、ブリッジポート。約5000人の生徒が学ぶブリッジポート大学には灰色の燃料電池システムが置かれている。天然ガスから水素をつくり、酸素と反応させて発電。学生寮など7棟を地下ケーブルでつなぎ、停電時はこのマイクログリッド（小規模電力網）が電力の供給を続ける。

大学の敷地内に設置された燃料電池システムが電力を供給する（2021年3月、米コネティカット州のブリッジポート大学）

システムを提供するフューエルセル・エナジーのジェイソン・フュー最高経営責任者（CEO）は「政府や州の補助金で導入が増えている」と語る。自然災害に伴う停電の頻発が課題だったコネティカット州では、13年から補助金や金融支援制度を導入し、州内8地域で稼働した。同業のブルームエナジーは米国など100カ所超でマイクログリッドを展開し、18年以降で合計1750回の停電を回避した。

官民の足並みがそろう欧米に対し、ちぐはぐな水素政策が目立つ日本。資金や人材などの資源を分散したままでは、生き馬の目を抜く脱炭素時代を乗り越えられるか心もとない。石油危機が起きた1973年、経産省の前身である通商産業省に資源エネルギー庁が設置された。それから約50年、カーボンゼロを担う新たな司令塔が必要だ。

6 砂漠で「ソーラー水素」
――日本発で狙う資源革命

（2021年5月9日）

脱炭素に不可欠な燃料となってきた水素（元素記号H）。最大の課題は膨らむ需要に対応する量をどうつくるかだ。

水素の生産手法は主に2つある。天然ガスから分離するか、電力で水を分解して得る。二酸化炭素（CO_2）が出ないよう再生可能エネルギーの電力で水素をつくるには、2050年まで毎年8億キロワットの太陽光・風力発電の導入が必要と英エネルギー大手BPはみる。国際再生可能エネルギー機関（IRENA）によると、20年に導入された再生エネは2億6000万キロワット。今のペースだと脱炭素に必要な水素を十分に賄えそうにない。

その解になるかもしれない研究が茨城県中部の農地の広がる丘で進む。100平方メートルにわたって並ぶ、水に入った白いパネル。内部をよく見ると炭酸水のようにぷくぷくと細かい泡が出ている。

光触媒のパネル

パネルの正体は光触媒。電気を使わず太陽光にあてて水を酸素と水素に分解する人工光合成と呼ぶ技術だ。水素を燃料として活用したり、CO_2と反応させてプラスチックをつくったりする。

実験は東京大学の堂免一成・特別教授（信州大学特別特任教授）や三菱ケミカル、ＩＮＰＥＸなどの研究グループが手がけ、「水素工場」を砂漠に設ける構想を描く。

本州と九州の合計面積に相当するサハラ砂漠３％分に光触媒パネルを並べると、全世界の消費エネルギーを賄う水素をつくれるという。堂免氏は「50年ごろには石油や天然ガスとあまり変わらない値段の水素を大量につくれる」と語る。

水素をつくる光触媒パネルがズラリと並ぶ（茨城県にある東京大学の研究施設）

変換効率が課題

太陽光をどれくらい水素にできるかのエネルギー変換効率の向上がカギを握る。堂免氏は「商用化に必要な10％に向けたアプローチに見当はついている」と話すが、茨城県での研究は夏でも平均１％弱にとどまる。

10％になれば国内で水素1キログラムを２４０円でつくれると試算。政府の長期目標の約２２０円に近づく。欧米の水素は50年に１ドル（１０９円）を切るとの分析もあるが、強い日差しの中東で人工光合成を使えば1キロ85円でつくれると見込む。

太陽光発電の電力で水を分解して水素をつくる場合、効率は現状20%前後。ただ2度の変換工程があり、太陽光パネルも水の電解装置も要る。人工光合成は変換が1度で装置も光触媒だけのため設備投資は安く済む。

実験室での研究を屋外で使えるよう大きくできるかという課題もある。茨城県での研究では粉末状の光触媒をガラス板に塗布して25センチメートル角のシートにした。トヨタ自動車グループの豊田中央研究所（愛知県長久手市）は21年4月に7・2%の効率の人工光合成の装置を開発したと発表した。屋内での実験だが、36センチメートル角にまで拡大させた。

欧州では効率を10%にできた研究もあったが大規模化するとコスト高で装置の品質も保てず、進んでいない。堂免氏らと同じ手法で研究する中韓は実験室の小さな装置でしか実証できていない。

困難だが実現すれば社会へのインパクトの大きい研究プロジェクトは、アポロ計画にちなんで「ムーンショット」と呼ばれる。他国より研究開発が先行する人工光合成で、資源小国の日本がゲームチェンジャーになれる可能性もある。

インタビュー

再生エネ由来でも競争力

シーメンス・エナジー取締役　ヴィノ・フィリップ氏

（2021年5月11日、23年7月更新）

水素のような選択肢がなければ2050年のカーボンゼロは達成できない。発電部門は再生可能エネルギーの普及が進んできているが、製造業などの産業部門はまだ少ない。需要の状況によっては再生エネは余剰になる。余ったエネルギーで水素をつくれば様々な分野で使え、産業部門の二酸化炭素（CO_2）排出を減らせる。さらに水素製造に特化した再生設備も増えている。

長距離の中大型トラックや航空機は、そうすぐには電動化されない。欧州連合（ＥＵ）が30年までに合計４０００万キロワットの水電解装置を導入する目標を掲げるなど、市場が大きく成長することはわかっている。それが軌道に乗るのが5年後なのか10年後なのか、その進み方はまだはっきりしない。

再生エネ由来の「グリーン水素」か、化石燃料由来でCO_2を回収する「ブルー水素」かという議論については、我々は生産面ではグリーンに集中している。風力発電タービンと水電解装置を手がけている。ブルーについては水素の輸送や貯蔵に必要なコンプレッサー（圧縮機）などを提供している。

コストの目標はグリーン水素を、現行の化石燃料由来の「グレー水素」よりも安くすることだ。現在のグレー水素は1キログラムあたり1・5～2ユーロ（約２３０～３１０円）する。グリーン水素はその2～3倍高くなっている。再生エネを安い場所で生産し、技術開発を進めることで、数年でグリーン水素の価格はグレー水素に対しても競争力を持つと信じている。

大量生産に向けて自動化を進め、規模の経済が働くように製造プロセスとサプライチェーン（供給網）を移行している。電解装置では維持管理費用を下げると同時に、高圧かつ長時間稼働できるように設計を改良している。これで水素のコストは確実に下がっていく。

市場の整備も欠かせない。十分な需要があって初めて規模を拡大できるからだ。炭素価格やクリーンな水素への補助金など正しい政策が導入されるべきだ。

十分な需要さえあれば規模の拡大は問題ではない。なぜならすでにわが社は約5年ごとに、電解装置の規模を10倍ずつ拡大してきたからだ。次の6～7年、20年代の後半には数百万キロワット級の電解装置を供給できるようになる可能性は高いと考えている。

シーメンス・エナジーは火力発電用のタービンメーカーでもある。数千キロワットの機種から60万キロワットまで幅広く手がけている。これらはすべて水素を燃料に使えるよう開発している。大型機はすでに30％混焼には対応し、一部は75％でも運転できる。欧州連合（EU）の資金援助を受けて23年に水素専焼の実証で複数のパートナーと協力している。

1つの選択肢にこだわり過ぎないことが重要だ。この脱炭素の挑戦のなかで単一の技術、単一の資源に集約されることはありえないだろう。

水素でいえばグリーン水素もそうだし、ブルー水素も必要だ。移行期では天然ガスに水素を混ぜて使うこともありうる。（聞き手はフランクフルト＝深尾幸生）

ヴィノ・フィリップ(Vinod Philip)氏

米原子炉大手ウエスチングハウスでキャリアをスタートし、2004年に独シーメンス入社。ガス・電力部門中心に勤務。20年4月シーメンス・エナジーの最高技術責任者（CTO）兼最高戦略責任者(CSO)。22年取締役。写真は同社提供。

インタビュー

光合成使い2050年には大量生産

東京大学特別教授　堂免一成氏
（2021年5月12日）

水と太陽光から水素を発生させる人工光合成にはいくつかの種類がある。光を当てると電気を発生させる電極を使う手法や、光に反応して酸素と水素を発生させる光触媒を使う方法などだ。米欧や中国、韓国、そして我々のチームを含む日本などがそれぞれの手法で工夫し、エネルギー変換効率を向上させてきた。

植物の光合成の変換効率が最も良い条件で1～2％といわれるなか、人工光合成の効率はかなり高いレベルに達している。太陽電池で発電し、その電気で水を分解する手法とよく比較されるが、現状は確かにその方が効率は高い。トータルの効率は20％程度になる。

ただ中国製の太陽電池が安くなってきているとはいえ、装置のコストは人工光合成の方が圧倒的に安い。このまま変換効率を上げていければ実用性という点で分があるとみている。我々の取り組む手法では光触媒の粉をシート状にして水とともにとじ込める。茨城県の施設で野外での実験をしているところだ。

エネルギー変換効率は夏で平均1％弱とまだ低いが、より幅広い波長の太陽光を吸収・利用できる材料を開発できれば向上できる。商用化に必要とされる10％の効率を早期に達成したいと考えている。

人工光合成の実用化に向けた最大の課題は、装置の大面積化だ。数センチ角の小さな装置で高い

堂免一成
(どうめん・かずなり)氏
1976年東京大学卒。82年東京大学大学院理学系博士課程修了。東京工業大学助教授、教授を経て、2004年東京大学教授。19年より東京大学特別教授。17年より信州大学特別特任教授を兼任する。

効率が出ても、大型の装置で大量につくれなければ水素は安くならない。

欧州の研究チームは太陽電池を組み合わせる手法で50センチ角の装置を実現したが、それ以上の面積にするのが難しく、研究開発は一旦ストップした。現在、また新しい計画を始めようとしているが、どういった手法で大面積化を進めるかは未定のようだ。他の国も同様の問題を抱えている。

ただ、我々の手法ではガラスの板に塗るだけで簡単につくれるうえ、面積に関係なく効率が一定なので、数ある手法の中でも大面積化に適しているといえる。

中韓も同様の手法で開発しているが、実験室レベルにとどまっており、日本はかなり先を行っている。変換効率10％を実験室レベルで達成すれば、大型の装置も効率を落とさずにすぐにつくることが可能だろう。

2050年ごろには、石油や天然ガスとあまり変わらない値段の水素を大量に作れるようになるだろう。サハラ砂漠やオーストラリアに大面積のプラントをつくる。面積25平方キロメートルのプラントの場合、1基で1日あたり5000トン程度の水が必要になるが、水に乏しい砂漠でも、周囲の海から海水を運んできて淡水に変えればよい。

淡水化の技術は非常に進歩しており、1立方メートルの水が100円以下でつくれるようになっている。水素ガスは1立方メートルあたり20〜30円なら発電のエネルギー源として石油や天然ガスの代替が見えてくるとされるが、この水の値段なら十分に可能だ。プラントで作った水素を運びやすいアンモニアなどに変換し、世界中に供給するというシステムを構想している。（聞き手は三隅勇気）

インタビュー

長所生かす用途精査を

ブルームバーグNEF　マルティン・テングレル氏
（2021年5月13日）

水素は脱炭素を進める上での手段だ。日本は「水素のための水素戦略」「燃料電池のための水素戦略」になっている恐れがある。政府は水素基本戦略の見直しを検討する方針で、50年に温暖化ガスを実質ゼロにするという目標に整合した計画にすべきだ。

様々な選択肢の中で、一番安い方法は何かということを考える必要がある。

例えば電気自動車（EV）は2020年末までに累計約1000万台が販売され、蓄電池が安くなっているのに対し、燃料電池車は3万台程度と市場が小さく、コストが高い。燃料の水素も電気から作るのであれば、EVで電気をそのまま使った方が安い。

燃料電池の乗用車で経済性を打ち出すのは難しい。一方で大型トラックやバス、船、飛行機は水素が使われる可能性がある。短距離では蓄電池を使えるが、距離が長くなるとエネルギー密度の高い燃料が必要なためだ。水素やアンモニアが一つの方法になり得る。

マルティン・テングレル（Martin Tengler）氏

東大、英オックスフォード大の修士課程修了。生態系の修復サービスを提供する企業を共同創業した。2016年に調査会社のブルームバーグNEFに入社。水素チームのリードアナリストとして活動している。

大きな分野になるのが産業利用だ。鉄鋼生産では石炭を多く使っている。弊社の試算では水素が1キログラムあたり1ドルになり、炭素税が二酸化炭素（CO_2）1トンあたり50ドル前後であれば、水素を使った方が石炭より安くなる。

水素発電も期待されている。弊社の試算では、発電時のCO_2排出量を実質ゼロにする場合、7～8割は再生可能エネルギーと蓄電池の組み合わせで実現できるが、残りは他の技術が必要となる。水素は長期でエネルギーをためられ、必要な時だけ発電できる。

例えば春に余った電力で水素をつくり、夏の電力不足時に水素から電力をつくるなど、季節をまたいで電力需給を調整する場合には水素が選択肢になる。ただ電気を使って水素をつくり、その水素で電気を作るのは（変換時の）ロスとコストが大きい。1時間や1日単位で電力需給を調整する場合は蓄電池の方が安い。

政府は家庭用燃料電池「エネファーム」などに力を入れてきたが、現在のエネファームは天然ガスや液化石油ガス（LPG）を使っており、脱炭素化につながりにくい。コストも高いという問題点もある。

水素活用では欧州が先行している。（再生エネで作った）グリーン水素を産業に活用するプロジェクトを調べたところ、2021年1月時点で47件のうち43件が欧州だった。

水素用の発電タービンは三菱重工業傘下の三菱パワーが世界で高いシェアを持つ。日本では水素が化石燃料より安くなる可能性が低く、普及には（炭素の排出に価格を付ける）カーボンプライシングなどの政策が必要だ。

水素の調達も課題だ。海外で作った安価な水素をアンモニアに加工して輸入する技術開発が進んでいるが、50年時点の試算では国内で作った方が安い。そのためには、もっと多くの風力や太陽光発電が必要となるが、そのスペースを確保できるかが課題となる。（聞き手は花田幸典）

インタビュー

燃料電池が電力安定の要に

ブルームエナジー上級副社長　シェアリン・ムーア氏

（2021年5月14日）

米国ではハリケーンの大型化や山火事、寒波など気候変動関連の災害が相次ぐ。地域社会や企業は電力インフラの脆弱さに直面している。小規模な電力システムであるマイクログリッドは災害への耐久力があり、信頼性の高い電源を地域社会や企業に提供する「未来の送電網」だ。

現在、米国を中心に100超の燃料電池を使ったマイクログリッドシステムを導入している。悪天候で電力会社の送電網が止まっても、マイクログリッドによって電力供給が途絶えるのを防いできた。2018年以来、我々は1750回の停電を回避し、116日分の電力を供給し続けた。

例えば、米東海岸を襲った20年夏のハリケーン「イサイアス」では、ニューヨーク州東部の町で大規模停電が起きた。だがマイクログリッドを導入していたので、緊急通報番号「911」のコー

シェアリン・ムーア
(Sharelynn Moore)氏
ブルームエナジー　チーフ・マーケティング・オフィサー。スマートメーター世界大手のアイトロン社で、IoTやスマートシティー戦略などネットワークの課題解決に携わる。渉外や製品管理も経験し、20年にブルームエナジーに転じた。

ルセンターを稼働し続けることができた。山火事で計画停電を実施したカリフォルニア州でも、製造業の工場に5日半にわたって電力を供給した。

これまで1～2時間の停電への対応は多くの人が考えてきた。ガスを使った自家発電装置で発電できるのは2～4時間ほどだ。だが最近は激しい嵐で、停電時間が長引いている。緊急時のバックアップだけでなく、長期の停電にも備える必要が出てきた。

マイクログリッドは通常の電力網と並行して電気を供給する。自治体や企業など顧客がどのくらいの電力が必要かに応じて装置を追加すれば、供給電力量も変えられる。

初期費用はかかるが、法人顧客には全米の半数超の州で法人が支払う平均的な電気料金、1キロワット時あたり9セント（約10円）に匹敵する価格で提供できる。米国では需給により電気やガスの料金が変動する州もある。ニューヨーク州やマサチューセッツ州など、電気料金の比較的高い地域で、大企業による導入が目立つ。

東部コネティカット州のハートフォード市では17年からシステムを導入した。小学校やガソリンスタンド、食品店をつないでいる。高校ではマイクログリッドの電力を併用して活用することで、電気料金を減らせている。

さらに燃料電池に使う燃料によって、温暖化ガス排出を実質的になくすカーボンゼロも実現できる。原料には（安価な）天然ガスを使うことが多いが、水素に変えれば完全な脱炭素を実現でき、実際に導入が始まっている。

我々が使う固体酸化物形燃料電池（ＳＯＦＣ）は小型で大容量の電力を供給できるのが強みだ。太陽光発電のように大きなパネルを並べる必要はない。駐車場１～２台分のスペースがあれば、事業所の電力をまかなえる。

米国では10～19年、その前の10年間と比べて停電数が70％増えた。気候変動はこの傾向を加速する。顧客企業は事業の持続可能性の観点からも、気候変動への対応を先取りしたいと考えており、劇的な変化が起きている。（聞き手はニューヨーク＝大島有美子）

第4章

第4の革命 カーボンゼロ

THE 4TH REVOLUTION CARBON ZERO

GXの衝撃

あなたの会社はグリーンかグレーか、それともブラックか——。
脱炭素に対する姿勢によって選別されるのがカーボンゼロの時代だ。
温暖化ガスを出さない緑の会社への転身を目指す
グリーントランスフォーメーション(GX)。
出遅れた「ブラック企業」は顧客や投資家、取引先からもふるいに掛けられる。
かつて省エネで世界をリードした日本企業もまた、例外ではない。

1

4700兆円が迫る経営転換
——主要1000社、2050年までの「負債」

（2021年7月20日）

電力や製造まで、脱炭素で選別される時代に

温暖化ガス排出を実質的になくすカーボンゼロの取り組みで世界の企業が選別され始めた。動きが鈍い企業は退場を迫られる。脱炭素を軸に経営を刷新できるか。グリーントランスフォーメーション（GX＝緑転）が企業価値を決する。

ドイツ西部ルートヴィヒスハーフェン。ライン川に沿って独BASFが運営する、世界最大規模の石油化学コンビナートが広がる。ガスや石油を燃やし、高温で製品をつくる石油化学にとって二酸化炭素（CO_2）は宿命だ。ここだけで日本の290万世帯分に相当する年間800万トンのCO_2を排出する。

「化学の電化を進める」。マルティン・ブルーダーミュラー社長は2021年5月、化石燃料でなく電気で高温をつくる生産方法への転換を表明した。CO_2を出さない再生可能エネルギーの電気が大量にいる。専用の風力発電所の建設を打ち出した。

BASFの独ルートヴィヒスハーフェンの石油化学コンビナートは東京都中央区とほぼ同じ広さ=同社提供

製造業は自ら発電

電力大手の独RWEと共同で北海に建設する洋上風力の出力は原発2基分に相当する200万キロワット。2030年の稼働を目指した投資額は40億ユーロ（約5200億円）以上で、BASFは最大49%を出資する。発電量の8割をBASFのコンビナートに直接供給する。

製造業が自ら大型発電所の建設に動くのは珍しい。2021年6月にはオランダ沖の洋上風力発電所にも約2100億円を投じると決めた。ブルーダーミュラー氏は「いかに早く再生エネ電力を入手できるかに脱炭素のスピードがかかっている」と説く。急ぐのには理由がある。

「炭素負債」は約4700兆円――。炭素税や排出量取引などCO_2排出に価格をつけるカーボンプライシング。本格導入した場合、CO_2排出量の多い世界の主要1000社は50年までに計42兆ドル超を負担する。電力やエネルギー、鉄鋼、セメント、化学などが上位を占める。

地球温暖化対策の国際的枠組み「パリ協定」を達成するには炭素価格をいくらにすればいいのか。国際エネルギー機関（IEA）は40年に先進国で1トン140ドル（約1万5400円）にする必要があるとはじく。

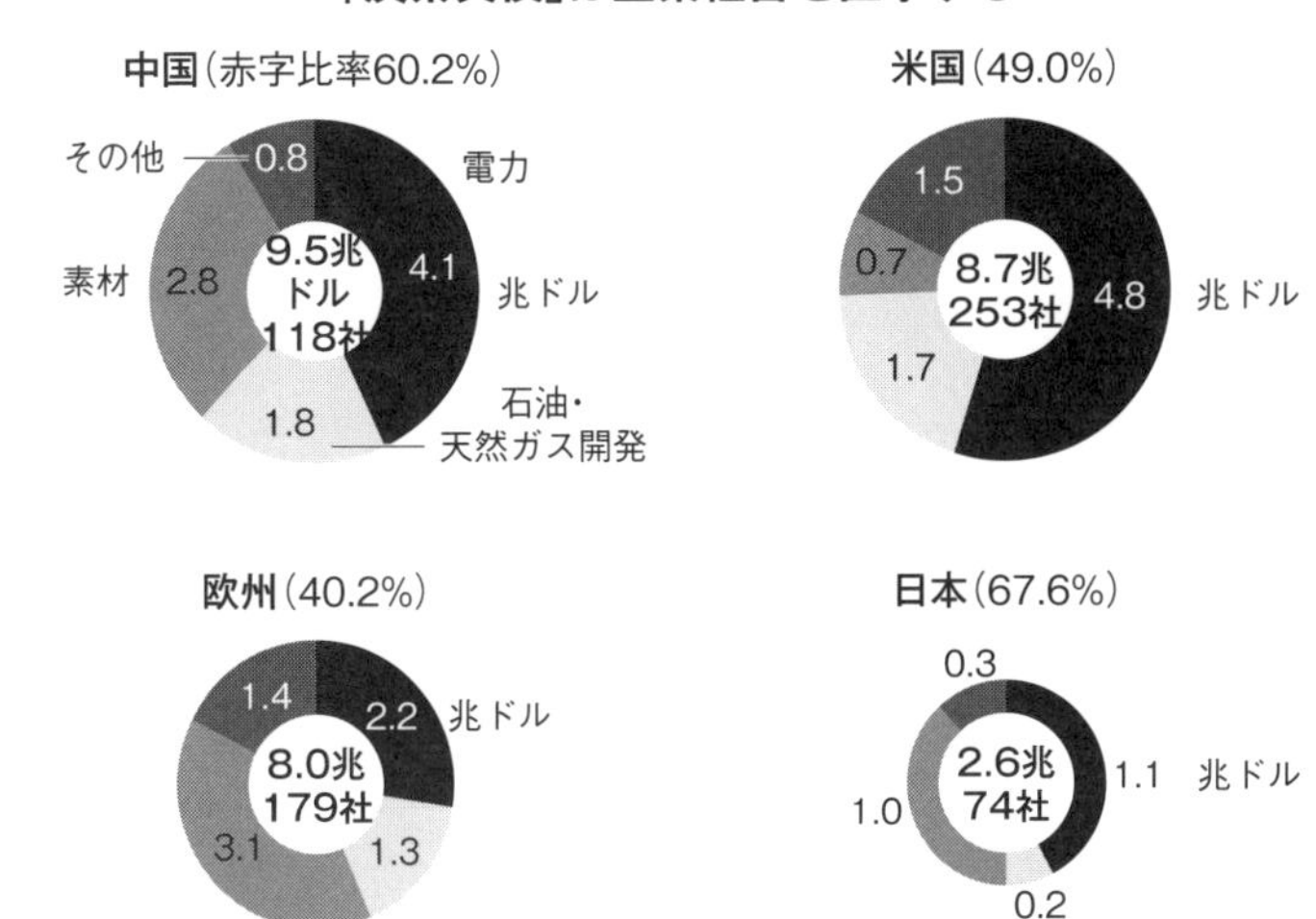

（注）MSCIのデータから排出量上位1000社を集計。2019年の排出量が続き、$CO_2$1トンの炭素価格は40年140ドルに上昇、40～50年は横ばいと想定。KPMGあずさサステナビリティの助言を得た。炭素価格140ドルで最終赤字の企業の比率を算出

日本は揮発油税などを含めても同35ドル、米国は同16ドルで大幅な上昇となる。企業が対策しなければ、支払う必要のある「負債」が積み上がる。

炭素価格が140ドルの場合、仮にCO_2排出の削減が進まず、負担軽減措置もなければどうなるのか。単純計算で1000社のうち業績を分析できる892社の63%が最終赤字に転落する。

排出削減を先送りするほど苦しくなる半面、先行すれば果実も大きい。どれだけ速くGXを実現できるか。欧州では激しい競争が始まった。

「30年までに世界有数のグリーンエネルギーメジャーになる」。洋上風力発電の世界最大手、オーステッド（デンマーク）のマッズ・ニッパー最高経営責任者（CEO）は2021年6月、こう宣言した。

日本企業はGX(緑転)で周回遅れ

(再生エネの発電規模)

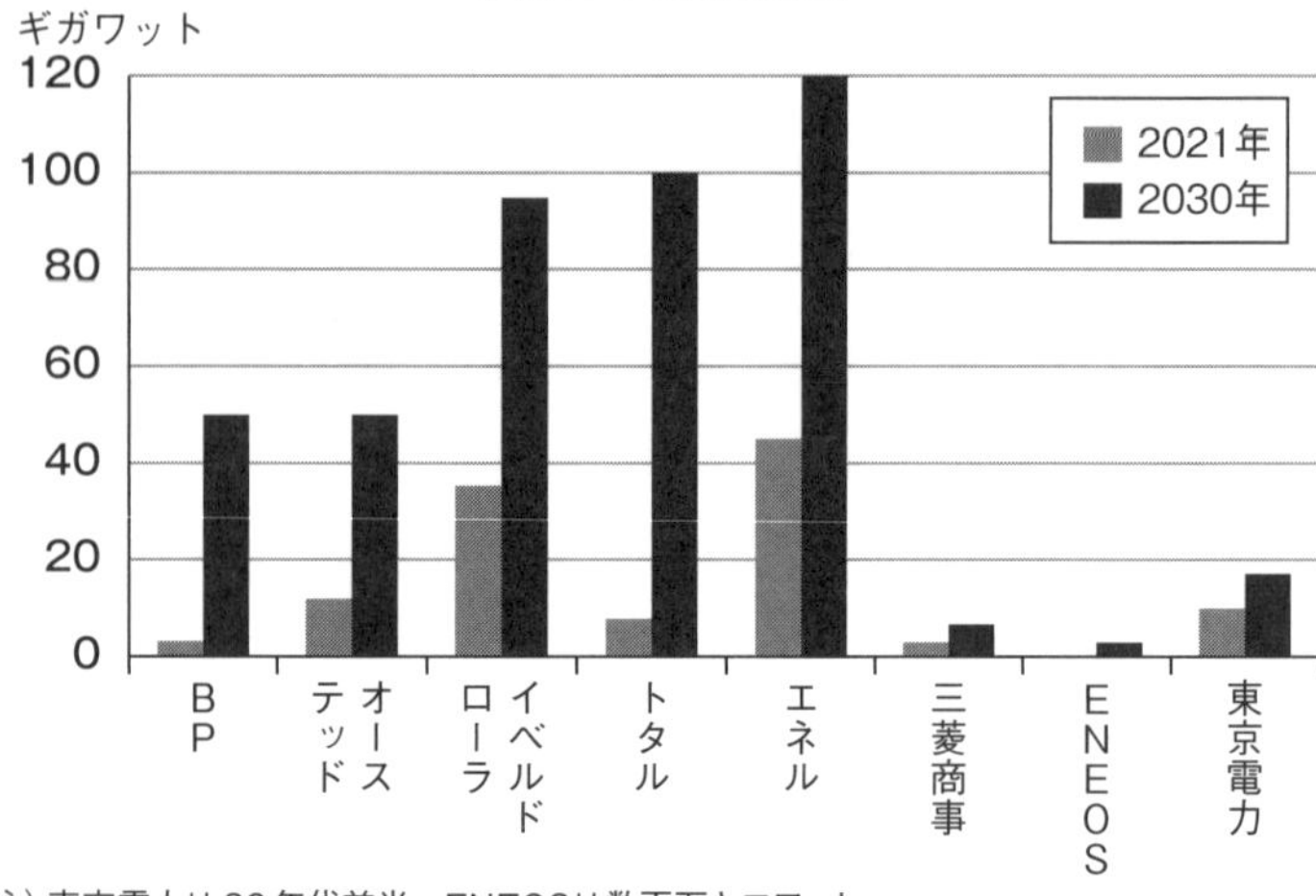

(注) 東京電力は30年代前半。ENEOSは数百万キロワット

国営石油・ガス会社から再生エネ会社に転換した同社は、石油メジャーに代わる「グリーンメジャー」を目指す。約6兆1千億円を投じ、再生エネの合計出力を30年までに現在の約4倍の5千万キロワットに増やす。

イタリアの電力大手エネルやスペイン電力大手のイベルドローラも30年の再生エネの目標は1億2千万キロワットと9500万キロワット。オーステッドをはるかに上回る。

3社の合計時価総額は16年には英BP、英蘭ロイヤル・ダッチ・シェル、仏トタルの欧州石油大手3社の合計の4分の1だったが、20年秋には一時逆転した。

石油メジャーも必死だ。トタルは2021年5月、社名を「トタルエナジーズ」に変更し、石油依存の脱却に着手した。30年の再生エネ導入目標は1億キロワット、世界のトップ5を目指す。BPも30年に5千万キロワットの目標を掲げた。

速さ欠く日本勢

日本企業の動きは心もとない。東京電力ホールディングス（ＨＤ）の再生エネ出力は計１０００万キロワットと現時点でトタルを上回るが、30年代前半までに最大１７００万キロワットと逆にトタルの６分の1。ＥＮＥＯＳＨＤも30年ころまでに数百万キロワット。時価総額は電力10社にＥＮＥＯＳと東京ガスを足し、ようやくオーステッドに並ぶ。

「（カーボンゼロの）変化に迅速に適応できない企業は企業価値が低迷し、信頼を失う」。世界最大の運用会社ブラックロックのラリー・フィンクＣＥＯは２０２１年1月、投資先企業への手紙で警告し、カーボンゼロに向けた戦略を開示するよう求めた。ＧＸを促す勢いは広がり、加速している。

脱炭素の実現へ周到な計画や準備はあるか。技術の取捨選択はできているか。人材は足りているか。ＧＸが問いかけるのは経営の優劣そのものだ。かつて省エネで世界をリードした日本企業はＧＸで再び輝くことができるだろうか。

2

産業立地も脱炭素で再編
――再生エネ不足なら空洞化

（2021年7月21日）

米テスラの元幹部だったピーター・カールソン氏が2016年に創業した北欧の新興電池メーカー、ノースボルト。様々な候補地の中からスウェーデン北部の北極圏にほど近い田舎町、シェレフテオを電気自動車（EV）用電池の大規模工場用地に選んだ。電池製造に必要な大量の電力を全て、再生可能エネルギーでまかなうためだ。

スウェーデンは水資源が豊富な北部を中心に水力発電が盛んで、全体の発電量の約4割を占める。水力発電所は燃料費がかからず、設備の減価償却が進めば発電コストが下がっていく。特に北部の電力市場価格は20年に1キロワット時当たり0・15クローナ（約2円）と、日本の約5分の1だ。

ノースボルトは再生エネ利用に加え、30年までに電池の材料の半分をリサイクル品でまかない「世界で最も環境に優しい電池」を目指す。これまでに独フォルクスワーゲン（VW）や独BMWなどから計65億ドル（約7000億円）調達した。

ノースボルトの新工場では、使用電力を全て再生エネでまかなう

中小も対策急ぐ

自動車の走行時の二酸化炭素（CO_2）排出量を規制してきた欧州連合（EU）は、製造から廃棄までのCO_2排出量に規制をかける案を検討している。こうした規制強化とともに再生エネの利用を促進するのが、サプライチェーン（供給網）全体で脱炭素を目指す動きだ。米アップルは30年までに取引先も含めた脱炭素化を宣言した。対策を迫られるのは大企業だけではない。

デニム生地製造のカイハラ産業（広島県福山市）は2021年6月、自社工場に約6000枚の太陽光パネルを設置した。オリックスのパネル無料設置サービスを利用し、初期投資はゼロ。オリックスに払う毎月の電力料金は大手電力よりも安くなり、工場から排出されるCO_2も10％程度削減できる。

カイハラ産業は工場屋根に約6000枚の太陽光パネルを設置した

導入理由の1つが、デニム生地の取引先からの厳しいCO_2削減要求だ。欧米の大手アパレルには「30年までに50％削減」を求める企業も出てきた。カイハラは海外も含め工場は5つある。「古くて小さい工場には、パネル設置は難しい。大手電力から再生エネを買うと電気代は2倍になる」と寺田康洋施設環境管理部長はため息を漏らす。

グリーントランスフォーメーション（GX＝緑転）を達成するには、再生エネが調達しやすいところに工場を建てるしかない。富士フイルムは2021年3月、2000億円超を投じるバイオ医薬品の製造受託拠点を、4カ所の候補地から米ノースカロライナ州に決めた。

工場ではクリーンルームを維持するために膨大な電力を消費する。同州では地元政府が再生エネ調達を支援する仕組みがあり、使用電力は全て太陽光由来にする。「再生エネの利用状況で、製薬会社から選別される可能性がある」（加瀬晃バイオCDMO事業部次長）

企業団地に続々

国内でも再生エネを目玉にした企業誘致の動きが出ている。北海道石狩市は100ヘクタールの範囲で「マイクログリッド」と呼ばれる独自の送電網も活用し、電力を全て再生エネでまかなう企業団地の整備を進めている。

石狩湾新港地域には複数の風車が立ち並び、再生エネによる発電に力を入れている

石狩湾新港で23年にも洋上風力発電所が稼働を始め、再生エネ売電量は企業団地で最大規模となる年間2660万キロワット時を見込む。進出する企業は2年連続で10社を超え、市の担当者は「2～3年後にはさらに増えそう」と期待を寄せる。
もっとも石狩のような事例は日本ではまだ少ない。ソニーグループHQ総務部の井上哲氏は「日本では安価に再生エネを調達することが断トツに難しい」と話す。これまで企業は人件費などのコストを中心に立地を決めてきたが、これからは脱炭素が優先すべき検討課題となる。産業の空洞化を避けるには、国を挙げて再生エネの発展に取り組まざるを得ない。

3

靴にも脱炭素の波

――「緑の消費者」新市場生む

（2021年7月22日）

大量生産、大量消費によって生み出される豊かさへの疑問が世界で広がりつつある。価格だけで選ばず、少しでも環境負荷の軽い商品を好む。そんな「緑の消費者」が生む新市場が企業の商品・マーケティング戦略に変化をもたらしている。

若者向けのカフェやアパレル店が立ち並ぶニューヨーク、マンハッタンのソーホー地区。スニーカー店「オールバーズ」の旗艦店には20～30代の男女が集まる。飲食店勤務のヘンリー・アベリーさん（27）は、友人が履いているのを見て気になり、来店した。

米オールバーズは環境に配慮したものづくりで若者を中心に支持を集め、いま最も注目を集めるブランドの一つ。靴や衣類にニュージーランド産の羊毛やサトウキビなどの天然素材を使用し、生産にかかる二酸化炭素（CO_2）排出量を商品タグに明記している。

アベリーさんもこうした取り組みに共感する。「身につけるものは自分の考えに合ったものにしたい」。オールバーズのスニーカーはミ

素材にユーカリの木が使われているスニーカー（東京都渋谷区のAllbirds原宿店）

レニアル世代のアイコンとなり、2016年の創業ながら企業価値10億ドル（約1100億円）を見込むユニコーン企業に育った。

欧米の動き速く

「ファッション産業は世界で排出される温暖化ガスの8％を占める」。スイスの環境コンサルティング会社クアンティスは18年、欧州全体とほぼ同等のCO_2排出量をファッション業界が出していると指摘した。

欧米の動きは速い。仏シャネルや米ナイキなどが19年に立ちあげた「ファッション協定」。使う電力の再生可能エネルギーへの転換を25年に50％、30年に100％にする目標などを掲げ、加盟ブランド全体のCO_2排出量を19～20年に35万～45万トン減らした。

ナイロン製のバッグや小物などで有名な伊プラダは21年末までに商品の全てを無限にリサイクルできる再生ナイロンに切り替える。

一方で、トレンドに合わせて安価な商品を大量供給するファストファッションの代表格だった米フォーエバー21が19年に破綻するなど、環境負荷が重いとされるビジネスモデルが消費者の支持を得られなくなってきているとの見方もある。

脱炭素の動きは排出量の多い発電や重工業に限らず消費者の生活に及び始めている。米ボストン・コンサルティング・グループ（BCG）が2021年、日本で実施した調査では「2～3割の消費者は値段が高くても環境負荷の低い商品を選ぶ」との結果が明らかになった。

世界ではこの傾向がより顕著だ。スウェーデンの首都ストックホルム。地元食品ブランドのフェリックスは、脱炭素を意識したユニークな試験店舗を20年10月に開いた。

排出量で値付け

野菜など、並ぶ品は普通のスーパーと変わらない。違うのは値付けの方法だ。商品の値段はCO_2の排出量に応じて決まる。顧客は1人当たりの排出上限を定められており、排出が少ない商品ならたくさん買える。

「気候変動の理由のうち4分の1は食料が占めるのに、どの商品が影響しているかを消費者が知るのは難しかった」。フェリックスは店舗開設の経緯をこう明かす。輸送などで多くのCO_2を使う商品は高くなるため日々の買い物を通じて、消費者が排出量を意識でき、温暖化対策につながるとの期待がある。

スーパーの商品の産地や廃棄物などを5段階で評価した「グリーン・コンシューマー・ガイド」が英国で出版されたのは1988年。『グリーン』に対する消費者の意識はこれからさらに高まる」とBCGの森田章マネージング・ディレクターは話す。グリーントランスフォーメーション（GX＝緑転）への消費者の視線を企業は無視できなくなっている。

4

気候対策を問う株主総会

――「緑のマネー」世界を動かす

（2021年7月23日）

「依然としてパリ協定と整合していない」。2021年6月に開かれた住友商事の株主総会。温暖化対策の国際的な枠組み「パリ協定」に沿った事業計画をつくるよう、ある株主が詰め寄った。定款変更まで求める株主提案をした環境系非政府組織（NGO）、豪マーケット・フォースの代理人だ。

このNGOは住商が東南アジアで石炭火力発電所の拡大に関与し続けている点を問題視。2040年代後半には石炭火力発電事業から撤退することを盛り込んだ対応指針を発表しても、総会に乗り込んできた。

提案は否決されたが、マーケット・フォースの設立者ジュリアン・ヴィンセント氏は「株主提案で企業の行動が変わることが重要」と意に介さない。企業側が耳を傾けざるを得ないのは、名だたる機関投資家が背後にいるから。その1つが2020年末時点で約180兆円の運用資産を持つ機関投資家、英リーガル・アンド・ジェネラル・インベストメント・マネジメント（LGIM）だ。

「資金を止める」

LGIMは2020年秋、日本企業約90社を含む1000社以上の企業の環境対応を評価・公開した。最低要求水準をつくり、改善しなければ経営トップの選任議案に反対したり、投資対象から除外したりする。

20年にあった主な気候変動関連の株主提案36件の全てに賛成し、住商への株主提案も賛成に回った。シニア・サステナビリティ・アナリストのヤスミン・スヴァン氏は「気候変動は顧客の資産管理にとって大きなリスク。NGOの調査は参考になるし、株主提案に支持するよう働きかけもある」と打ち明ける。

マーケット・フォースを13年に設立したヴィンセント氏は環境保護団体グリーンピース出身。「当時、キャンペーンのほとんどは環境対策を政府に求めるものだった。化石燃料に流れる資金を止める方がカーボンゼロへの近道だ」と語る。文字通り「市場の力」を借りて、企業にグリーントランスフォーメーション（GX＝緑転）を迫る。

マーケット・フォースは住友商事に気候変動へのさらなる対策を求めた（2021年6月18日、東京都港区）

これまで30件以上の株主提案を手掛け、今年から豪国外の企業にも触手を伸ばす。日本では環境NPOなどと三菱UFJフィナンシャル・グループ（MUFG）にも提案。否決されたが、海外では株主が「勝利」するケースが出てきた。

2021年5月に開かれた米石油大手エクソンモービルの株主総会はその象徴だ。0・02％の株式を持つ環境系の投資会社エンジン・ナンバーワンが「再生可能エネルギーの選択肢を持っていない

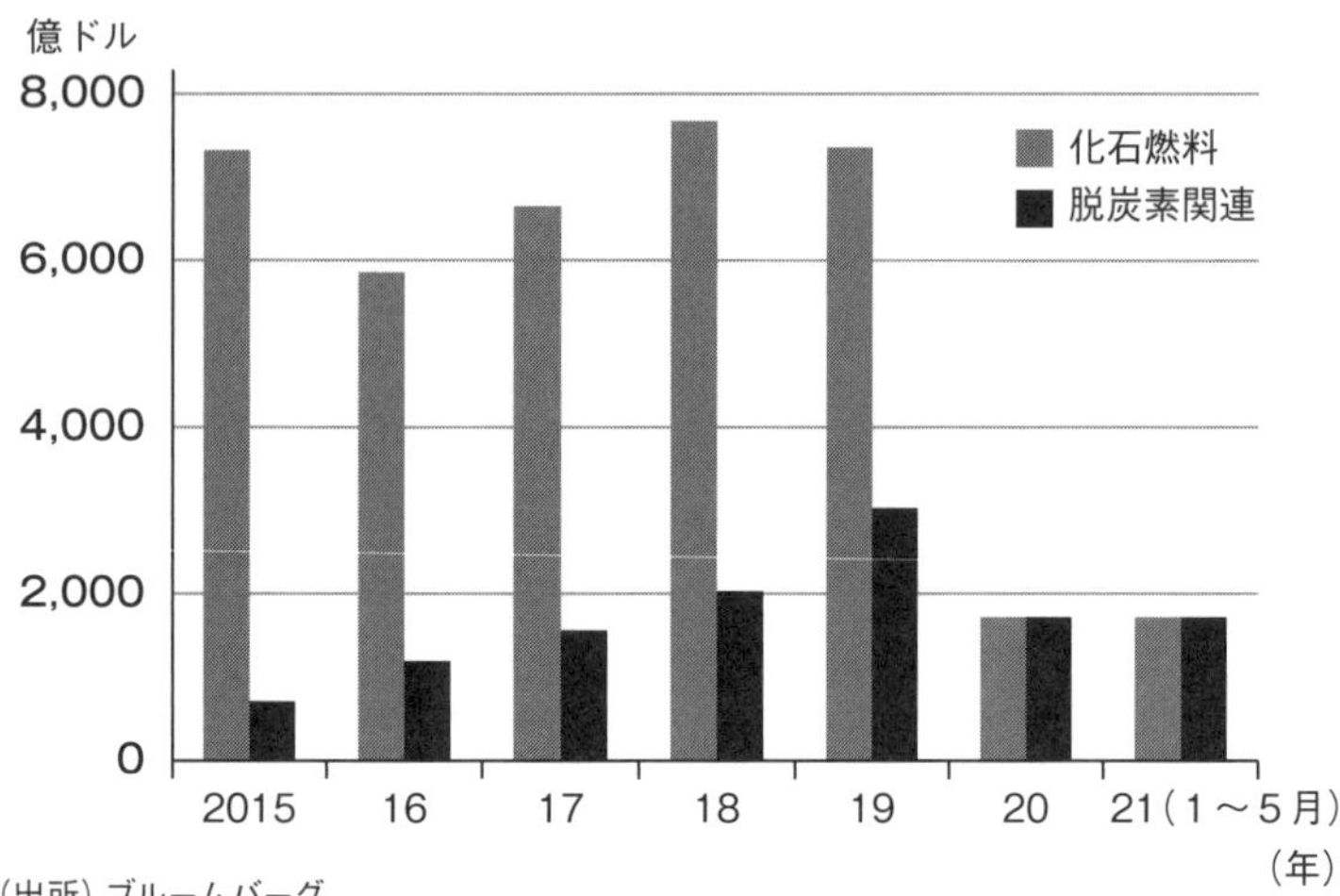

と株主の利益が増えない」と主張。再生エネ企業の元幹部など４人の候補者を取締役に推薦し、そのうち３人の就任が決まった。

総会では運用規模30兆円超の米カリフォルニア州教職員退職年金基金（カルスターズ）などが提案に賛同した。エンジンの投資担当者チャーリー・ペナー氏は「イデオロギー的、政治的なものだった気候変動問題が、株主価値に関わる問題になった」と話す。

投資家に急接近

環境団体と投資家の急接近はマネーの流れを大きく変えている。米ブルームバーグ通信は世界約１４０の金融機関を対象にエネルギー分野への投融資額を調べた。21年１～５月の脱炭素への投融資額は２０３６億ドル（約22兆円）と化石燃料の１８９２億ドルを上回った。

金融機関の中で化石燃料への投融資が多かった米

米金融機関はグリーン投融資を急拡大している

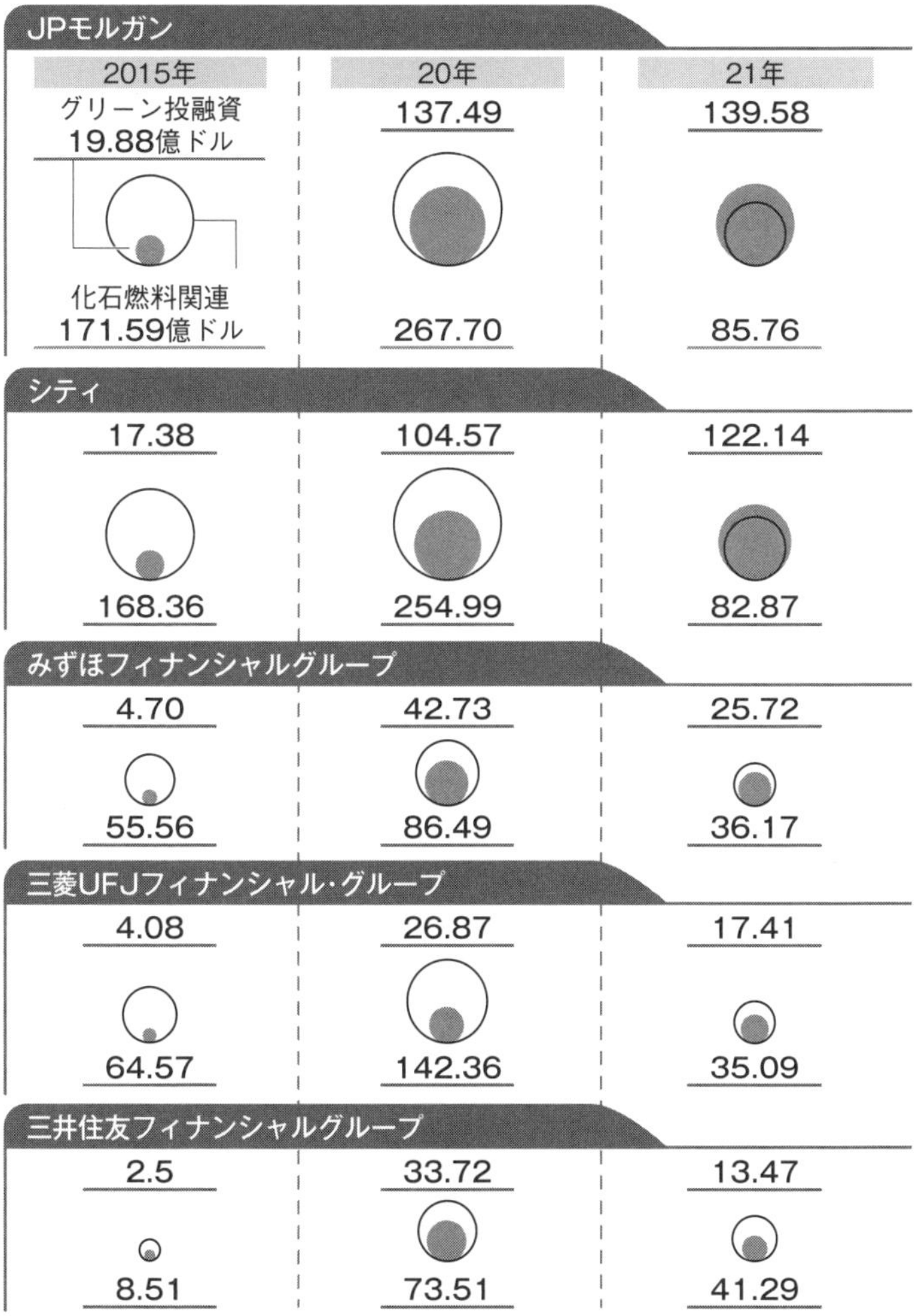

	2015年	20年	21年
JPモルガン グリーン投融資	19.88億ドル	137.49	139.58
JPモルガン 化石燃料関連	171.59億ドル	267.70	85.76
シティ グリーン投融資	17.38	104.57	122.14
シティ 化石燃料関連	168.36	254.99	82.87
みずほフィナンシャルグループ グリーン投融資	4.70	42.73	25.72
みずほフィナンシャルグループ 化石燃料関連	55.56	86.49	36.17
三菱UFJフィナンシャル・グループ グリーン投融資	4.08	26.87	17.41
三菱UFJフィナンシャル・グループ 化石燃料関連	64.57	142.36	35.09
三井住友フィナンシャルグループ グリーン投融資	2.5	33.72	13.47
三井住友フィナンシャルグループ 化石燃料関連	8.51	73.51	41.29

(注)21年は6月時点。出所はブルームバーグリーグ・ウォレットシェア

ＪＰモルガン・チェースや米シティグループも、相次ぎ削減目標を打ち出す。バンク・オブ・アメリカのアン・フィヌーケン副会長は「地球温暖化に伴う異常気象が増え、企業にはこの問題を解決する責任がある。金融はそれを加速させなければならない」と語る。温暖化を明確なリスクととらえる「緑のマネー」が企業選別に動き出した。

5 取捨選択は欧州が主導 ——ルールが決する競争力

（2021年7月24日）

欧州委員会が2021年4月に公表した、分類を意味する「タクソノミー」と呼ぶ数百ページの資料。企業が手がける事業がどういう基準を満たせば「持続可能」と判別されるかを示す。「まるで『閻魔大王』みたいに企業が選別される」。こんな受け止め方が広がる。

電池製造や発電などが対象で、欧州連合（ＥＵ）の温暖化ガス排出の8割をカバーする。企業は基準外の製品を作れなくなるわけではないが、ＥＳＧ（環境・社会・企業統治）が広がる中、投資を集めにくくなる。

ＰＨＶにも逆風

環境に優しいとされる製品もやり玉に挙がる。例えば日本の自動車メーカーが強みを持つプラグインハイブリッド車（ＰＨＶ）。「持続可能」などの分類から外れ、新車で売りにくくなる恐れがある。ＰＨＶは、ガソリン車と電気自動車（ＥＶ）の間に位置する。ＥＶへの移行期に伸びると見込まれているが「タクソノミーでＰＨＶの普及期の寿命は5年ほど短くなった」と専門家は分析する。

石炭火力発電がタクソノミーで外される一方、天然ガスは欧州でも意見が割れる。ポーランドなど東欧諸国は「脱石炭を進めるうえで当面は認めるべきだ」と訴える。

逆風の予兆はあった。「控えめに言ってガスは終わった」。欧州投資銀行（ＥＩＢ）のホイヤー総裁の21年1月の発言。21年末までにガスへの投融資から原則、手を引く方針を表明し波紋を呼んだ。

ガスも縮小懸念

天然ガスは石炭より二酸化炭素（CO_2）排出量が4割少ない。天候によって変わる太陽光や風力の発電量を補う役割から、石炭から再生エネへの移行期の「つなぎ役」になるとされてきた。

「天然ガスの黄金時代」が到来するとのリポートを国際エネルギー機関（ＩＥＡ）が公表したのは10年前。クリーンとされる液化天然ガス（ＬＮＧ）の消費はこの間に6割増えた。ただ、ＩＥＡは21年5月、50年のカーボンゼロ達成には、ガスを含む化石燃料の開発投資の即時停止が必要とのシナリオを公表した。

LNG設備の価値が下がりかねない（千葉県にあるLNGを輸入、貯蔵する受け入れ基地）

日本エネルギー経済研究所の二宮康司氏は「今のままでは30年代以降、ガスも石炭のように悪者扱いされる」とみる。

国内最大手の東京ガスが関東で張り巡らすガスのパイプラインは地球1・5周分。輸入のため港湾に設けたLNG基地は1カ所で1000億円規模だ。ガスが石炭のように縮小の道をたどればこうした設備が「座礁資産」となり使い道を失う。

タクソノミーのような欧州発のルールが世界の潮流となってきたケースは多い。欧州各国によるガソリン車の販売規制の表明を伊藤忠総研の深尾三四郎氏は「欧州自動車メーカーのディーゼル不正を機に欧州が有利になるようなルールに変えてしまった」と指摘する。

車が製造されてから廃棄されるまでの10年間の「ライフサイクル」でみたCO_2の排出量は、IEAの20年のまとめによるとガソリン車で1台あたり平均34トン程度だった。EVが24～28トンで、PHVは約25トンと、PHVは環境性能に優れるケースもあるのにEU基準ではアウトになる。

欧州がEV導入の高い目標を掲げる中、ESGの圧力により、石油開発は足元で急減。ただ実際に選ぶのは消費者で、EVの普及が遅れれば需給バランスが大きく崩れ、ガソリン価格は高騰しかねない。多角的なリスクを抱えながら企業は難しい選択を迫られている。

日本は通貨や通商などで欧米主導のルールを受け入れることが多かった。グリーントランスフォーメーション（GX＝緑転）でルールをつくる側に回れるかどうかは、産業競争力にとどまらず、国益をも左右する。

インタビュー

日本の遅れが世界に影響

豪NGOマーケット・フォース代表　ジュリアン・ヴィンセント氏
（2021年7月29日）

オーストラリアが拠点の非政府組織（NGO）、マーケット・フォースは2021年3月、住友商事と三菱UFJフィナンシャル・グループに対し、気候変動に関する戦略策定や情報開示を求める株主提案を出した。

日本は世界の多くの地域より、気候変動に対する動きが遅れていると言わざるをえない。米国では気候変動に対して懐疑的だったトランプ前大統領の時代でさえ、産業界を中心に脱石炭の動きが進んだ。

日本で問題なのは商社や金融機関だけではない。電力会社が金融機関の支援を受け、商社やエンジニアリング会社とともに事業を進めている。それぞれの企業は密接に絡み合っている。

この状況がより多くの温暖化ガス排出量につながり世界に深刻な影響を与えている。日本政府が2050年までに排出量を実質ゼロにする目標を掲げる動きなどはあるが、多くの企業は現実に追いつけていない。

化石燃料を捨てて再生可能エネルギーに移行する必要があるのに、いまだに（石炭火力発電所な

ジュリアン・ヴィンセント
(Julien Vincent)氏
豪モナシュ大卒。環境保護団体グリーンピースで気候変動やエネルギー問題に取り組んだ後、2013年に環境系のNGO、マーケット・フォースを創設。気候変動に関する戦略策定の要請といった株主提案を国内外の企業に出す。

どの）化石燃料事業を支援している。こうした企業はいずれ事業の資産価値が下がる高いリスクにさらされている。

我々が企業や金融機関に働きかけるのには理由がある。何か大きな変革をなし遂げるというと、多くの人は政治家を思い浮かべる。必要なのは化石燃料へと流れる資金を止め、その方向を（再生エネなどに）変えることだ。金融機関の投融資は気候変動の問題で決定的に重要な役割を果たす。企業や金融機関の問題に対応しないで、政府に政策変更を促すことはできない。

13年にマーケット・フォースを立ち上げたころ気候変動の政策決定を政府に求める活動は多くあったが企業や金融機関に対するキャンペーンは少なかった。今では多くの人が気候変動問題で金融機関の果たす役割を認識するようになった。

金融機関に預けているお金が（投融資を通じて）環境を破壊するような活動に使われるのは多くの消費者にとって不満の種だった。金融機関の顧客が資金をどのように使ってほしいと考えているのかは、預金の引き揚げなどで態度を表明することができる。

豪州だけでなく、世界中の化石燃料を扱う大企業が望んでいるのは、できるだけ多くの化石燃料を採掘して売ることだ。こうした企業で経営方針が決められ、重要な投資決定がなされる取締役会には多くの変化が必要だ。法的に可能な方法で投資の流れを変えるため既存の取締役を解任するようなキャンペーンや（気候変動対策に積極的な）新たな取締役を送り込むことなどは我々も検討している。

我々のような組織が活動に必要な人材や資金を集めるには、ひとえに「良い仕事」を続ける必要がある。気候変動問題で将来成功できるかどうかは、現在、結果を出しているかによる。人々が投資をする際、確実にリターンが得られる組織を選ぶのと同じで（慈善活動家らは）寄付をするなら良い結果に結びつく組織にしたいと思うからだ。（聞き手はシドニー＝松本史）

インタビュー

移行期はＬＮＧの役割増す

東京ガス社長　内田高史氏（２０２１年７月30日）

東京ガスは２０１９年11月、30年までの長期経営方針を公表した。50年代に二酸化炭素（CO^2）排出量を実質ゼロにする。30年に再生可能エネルギーの取扱量を19年比で約10倍の５００万キロワットにする（その後６００万キロワットに変更）。脱炭素に絡む意欲的な目標をあえて盛り込み、すべてのステークホルダー（利害関係者）から理解を得ようと努めている。

19年11月以降、半年に1回のペースで経営方針とともに脱炭素への取り組みを発信してきた。アナリストなどとの対話では「ＥＳＧ（環境・社会・企業統治）」と「お金（株主配当）」の２つの観点を必ず問われる。ＥＳＧだけで企業は成長できない、かといってＥＳＧを無視して持続的な経営

内田高史

（うちだ・たかし）**氏**

2018年4月に東京ガス社長に就任。米国のメガソーラー事業への参画、欧米企業と相次ぐ提携など海外事業のてこ入れを進める。20年11月、脱炭素のために配当政策の見直しを検討すると表明して話題を呼んだ。

なんて無理だ。企業の成長戦略と脱炭素への取り組みをどうマッチングさせるか。今の時代にはとても重要な経営課題だ。

脱炭素に向けては、いくつかステップを踏まなければならない。石油や石炭を低炭素の液化天然ガス（ＬＮＧ）に置き換える。ＬＮＧの熱効率を高める。CO_2を回収し、地中に貯留する「ＣＣＵＳ」をできるだけ早く導入する。まず天然ガスへの切り替えで今よりもCO_2を減らし続け、それでも出てくる分は再利用したり、閉じ込めたりして対応する。

カーボンゼロへの移行期にＬＮＧの役割は今より増す。50年までみても、電力の安定供給や再生エネ発電の調整力を考えればＬＮＧをなくす選択肢はないだろう。アジアなど新興国では今後、ＬＮＧ需要はむしろ増える。国内外で社会・経済活動に必要なエネルギーとして残るはずだ。

この移行期間中に水素など新エネルギーの技術開発を進めないといけない。水素価格は今、１Ｎ立方メートル（ノルマルリューベ＝標準状態での気体の体積）あたり１００円程度といわれる。政府は30年に30円にする目標を掲げているが、我々は20年代半ばに30円を達成しようと生産技術を磨いている。

再生エネの電気でつくった水素とCO_2を合成してメタンガスをつくる「メタネーション」も有効な手段だ。船からタンクまで既存のＬＮＧのインフラをそのまま使える。電気事業者として再生エネもどんどん増やす。洋上風力のノウハウを得るため、20年には米新興のプリンシプルパワーに出資した。

日本企業の省エネ技術は世界一だ。脱炭素には開発中の技術を含め、いろんな手段を組み合わせる必要がある。欧州は再生エネの立地に恵まれ、原発もあり、カーボンゼロへのリスクが小さい。日本は欧州と同じようにはできない。時間はかかるかもしれないが、したたかにやるしかない。

炭素税や排出量取引など、CO_2排出に価格をつけるカーボンプライシングのさじ加減は難しい。日本の製造業が立ちゆかなくなることもあり得る。導入するなら今の税制や法律を整理し、効果をきちんと検証する必要がある。脱炭素を進めるあまり、経済を疲弊させ、エネルギー使用量が減り、その結果として排出量が減るというのは本末転倒だ。相当慎重にやらないといけない。（聞き手は鈴木大祐）

インタビュー

基準未達は自動で反対票

英LGIM　ヤスミン・スヴァン氏

（2021年7月31日）

英リーガル・アンド・ジェネラル・インベストメント・マネジメント（LGIM）は気候変動関連の株主提案を世界で最も支持する資産運用機関の一つだ。議決権行使について決めるのは我々スチュワードシップ部門で、独立した組織になっている。部門の責任者は最高経営責任者（CEO）の直属となっている。

ヤスミン・スヴァン
(Yasmine Svan)**氏**
英ユニバーシティー・カレッジ・ロンドン修士。金融コンサルティング会社などを経てLGIMのシニア・サステナビリティ・アナリスト。気候変動関連の企業評価のほか、食品業界や電力業界とのエンゲージメントを担当。

投資の担当者は運用益を確保することが目的だが、スチュワードシップ部門と常に連携をしている。LGIMは投資先も含めて2050年に温暖化ガス排出量をゼロにする目標を掲げる。気候変動が顧客の資産にとって重大なリスクという認識は、トップを含めて組織全体に浸透している。

スチュワードシップ部門は短期的利益を見るのではなく、投資先の温暖化ガス排出実質ゼロに向けた移行体制を評価する。

21年からは気候変動対応の最低限の基準すら満たしていない企業に自動的に反対票を投じる。我々が知る限り大手資産運用会社として初めての取り組みだ。21年は130社の会社側提案に反対する。うち4社が不動産投資信託（REIT）など日本企業だ。

最低限の基準は食品会社なら森林保護の方針をつくること、銀行なら持続可能性に関する融資方針を定めることなどだ。弊社を含む投資家がここ数年、企業に何を求めてきたかを考慮して決めた。

気候関連財務情報開示タスクフォース（TCFD）や欧州機関投資家団体IIGCCの枠組みをもとに、非政府組織（NGO）のデータなどを使って投資先を評価している。基準は徐々に厳しくする。議決権行使による制裁も、21年は財務諸表の報告についてだが、次は会長人事に関する提案も対象にする。

弊社と深く対話している58社のうちの約2割は、温暖化対策の国際的枠組みであるパリ協定と整合性のある目標を掲げている。一方、先駆的な企業と取り組みが遅れる企業の差は大きい。これまでの9社に加え、今年から中国工商銀行やＡＩＧなど4社を投資撤退の対象にした。

気候変動関連の株主提案はＮＧＯによるものが多い。我々が賛成するかどうかは、その提案がネットゼロに明確につながるか、企業のビジネスモデルと整合的か、現実的かなどを勘案して決める。我々の仕事は突き詰めれば顧客の資産を管理することだが、ＮＧＯと同じように、気候変動は重大なリスクで50年ネットゼロに向かうことが重要だと強く信じている。

ＮＧＯからは株主提案について意見を求められたり、支持するように働きかけられたりするため、常に対話している。ＮＧＯの気候変動関連の調査や、株主提案に向けた材料は我々にも非常に重要だ。

ＬＧＩＭはＮＧＯによる調査を、投資先と深く関わるために使う。一つのテーマを深く掘り下げたＮＧＯの調査は参考になる。米ＮＧＯ環境防衛基金の、石油・ガス企業のメタン排出量のリポートの序文はＬＧＩＭが書いた。我々の関心とＮＧＯの調査や関心は重なる。（聞き手は奥津茜）

インタビュー

炭素値付け、今すぐ導入を

早稲田大学教授　有村俊秀氏

（2021年8月3日）

日本政府が目標に掲げる2050年の脱炭素のためには（炭素に価格をつける）カーボンプライ

シングの仕組みを今すぐ導入しなければ間に合わない。火力発電所を一旦つくれば、30年ほど使うことになる。早い時点で施策を打ったり、方向性を示したりしないと事業者の行動は変えられない。

カーボンプライシングは（政府が税率を設定して企業や家庭に税金を課す）炭素税と、排出量取引の2つの手法が世界で主に導入されている。（炭素税の一種の）日本の「地球温暖化対策税（温対税）」は、既存の石油石炭税に上乗せされているが、合計すると石油などよりも石炭の燃料の方が排出量当たりの税金が低くなる。二酸化炭素（CO_2）排出量は石炭の方が多いだけに、今後の制度設計の際は調整が必要だ。

日本で本格導入するカーボンプライシングは炭素税が現実的かもしれない。税金を通じて排出量削減のインセンティブを与えたうえで、得た税収は水素ステーションなどの新技術の普及や開発のために使える。今も温対税などは、省エネや再生可能エネルギーの普及に使っており、産業界からも支持を得やすいだろう。

長期的には本格導入する炭素税の税収を、一般財源として使うのも得策だ。法人税や消費税などを増税するのではなく、炭素税で税収を確保すれば排出削減と経済成長のどちらにもつながる。

もう一つの手法は（CO_2を多く出す企業が減らした企業からお金を払って排出枠を買い取る）排出量取引で、欧州や中国で導入されているだけでなく、ベトナムやインドネシアでも導入に向けた動きがあり、国際標準になってきている。将来は各国の市場をつなげて国際的な取引をするなど、金融ビジネスとしての伸びしろもある。中国、韓国、日本などでの排出量取引システムの連携

有村俊秀
(ありむら・としひで)**氏**
2000年米ミネソタ大で博士号取得。内閣府経済社会総合研究所客員研究員、環境経済・政策学会理事、環境省や東京都の審議会委員などを歴任。早稲田大学環境経済・経営研究所長。12年から現職。

については数年前から議論がある。

東京都と埼玉県は独自の排出量取引制度を採用している。その結果、東京都は、その他の地域よりも省エネの技術水準が上がり、エネルギー消費量も減っている。相対取引しか認めていないため世界標準でみるといびつな制度ではあるが、低炭素に向けてとても効果的だ。他の自治体も排出量取引の導入には関心があるようだ。

排出量取引の国全体での導入は産業界から反発が根強い。だが、排出コストが国際競争力に影響しそうな業種には排出枠を無償配布して負担を軽減するなど事業者への配慮はしやすい。

排出削減の規制が緩やかな国に企業が生産や投資を移す「カーボンリーケージ」と呼ぶ動きは、排出量取引市場が既にある欧州でもほとんど起きていない。

ただ、欧州連合（EU）が対策として検討している国境炭素調整措置は、EUと同レベルの規制がある国には（追加の負担を）減免する立て付けだ。負担が生じないためには、日本はEUと同レベルだと示すことが求められる。日本も排出量取引や炭素税を本格的に取り入れてEUと比較するのが一番分かりやすい。（聞き手は奥津茜）

第5章

第4の革命
カーボンゼロ

THE 4TH
REVOLUTION
CARBON ZERO

グリーンポリティクス

地球温暖化を食い止めたい、という願いは人類共通のものかもしれない。
だが、そのコストは誰が、どのように負担するのかという議論が始まった途端、
国の内外や地域間で対立が始まる。ルール作りで主導権を握ろうとする欧州、
気候変動問題で若者が政治家を突き上げる米国、
脱石油を模索する中東——。環境と政治、理念と利害が複雑に絡み合う
「グリーンポリティクス」が国際秩序を揺るがしている。

1 迫る気候危機、動けぬ世界

――分断の影、先進国主導に限界

（2021年11月16日）

2021年11月13日閉幕した第26回国連気候変動枠組み条約締約国会議（COP26）は、迫る気候危機に動けぬ世界の姿を露呈した。米中対立など分断が影を落とし、先進国主導のカーボンゼロの議論は限界が近い。どうすれば各国は利害を超えて立ち向かえるか。グリーンポリティクス（緑の政治）の知恵が問われる。

突然の沈黙だった。COP26の最終盤でシャーマ議長は「本当にごめんなさい。でも合意を守ることは大事だ」と声を詰まらせた。土壇場で合意文書の石炭火力を巡る表現が「段階的廃止」から「段階的削減」に弱められたことを謝罪した。

インドのヤダフ環境相が「まだ貧困削減に取り組まなければならない」と主張し、中国も同調した。国連のグテレス事務総長は声明で「残念なことに深い矛盾を克服できるほど政治の意思が十分でなかった」と嘆いた。

今回は2015年以来、6年ぶりに米中首脳が顔をそろえる好機だったが、習近平（シー・ジンピン）国家主席は欠席。バイデン米大統領は「失望した」と批判した。

米中は2021年11月10日に共同宣言を出したが、中国は数値目標を改めなかった。中国生態環境省

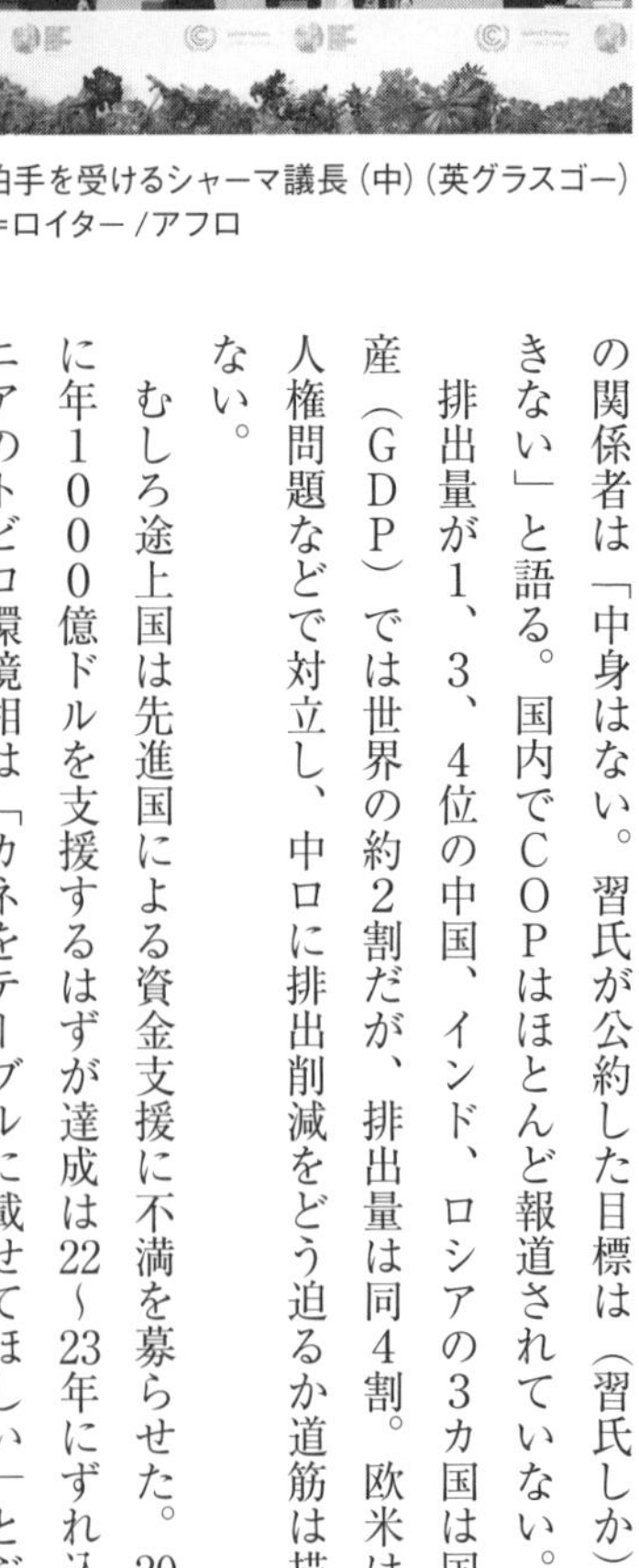

拍手を受けるシャーマ議長（中）（英グラスゴー）
＝ロイター/アフロ

の関係者は「中身はない。習氏が公約した目標は（習氏しか）変更できない」と語る。国内でCOPはほとんど報道されていない。

排出量が1、3、4位の中国、インド、ロシアの3カ国は国内総生産（GDP）では世界の約2割だが、排出量は同4割。欧米は中ロと人権問題などで対立し、中ロに排出削減をどう迫るか道筋は描けていない。

むしろ途上国は先進国による資金支援に不満を募らせた。20年までに年1000億ドルを支援するはずが達成は22～23年にずれ込む。ケニアのトビコ環境相は「カネをテーブルに載せてほしい」とぶちまけた。

今回で26回目のCOPの半分は欧州で開催してきたが、22年はエジプト、23年はアラブ首長国連邦（UAE）で開く。中東に舞台を移すことで先進国主導の議論の潮目が変わる可能性がある。

議長国の英国は賛同できる国だけで合意する「有志連合」の手法を連発した。石炭火力の廃止、ガソリン車の販売停止などのテーマでは、日米中がいずれも参加せず、実効性に疑問符がついた。

有志連合は200近い国が参加するCOP全体での合意が難しい裏返しでもある。先進国と途上国の対立で世界貿易機関（WTO）が機能不全に陥り、特定国だけの自由貿易協定（FTA）が広がった事態とも似る。

「産業革命前からの気温上昇を1・5度以内」との目標では一致した。達成には30年時点の温暖化ガス

COP26の主な合意内容

① 1.5度目標を目指し「努力追及」

22年末までに30年の排出削減目標を各国が再検討

② 石炭火力発電の段階的な削減

排出削減対策の取られていない石炭火力の段階削減へ努力を加速

③ 途上国への資金支援の拡充

先進国による年1000億ドル目標の速やかな達成を求め、大幅に増やす必要性も言及

④ 国際排出枠の取引ルール

13年以降に国連に届け出た排出枠を30年の削減目標に算入可能に

中国・インド・ロシアの排出量はGDPに比べ大きい

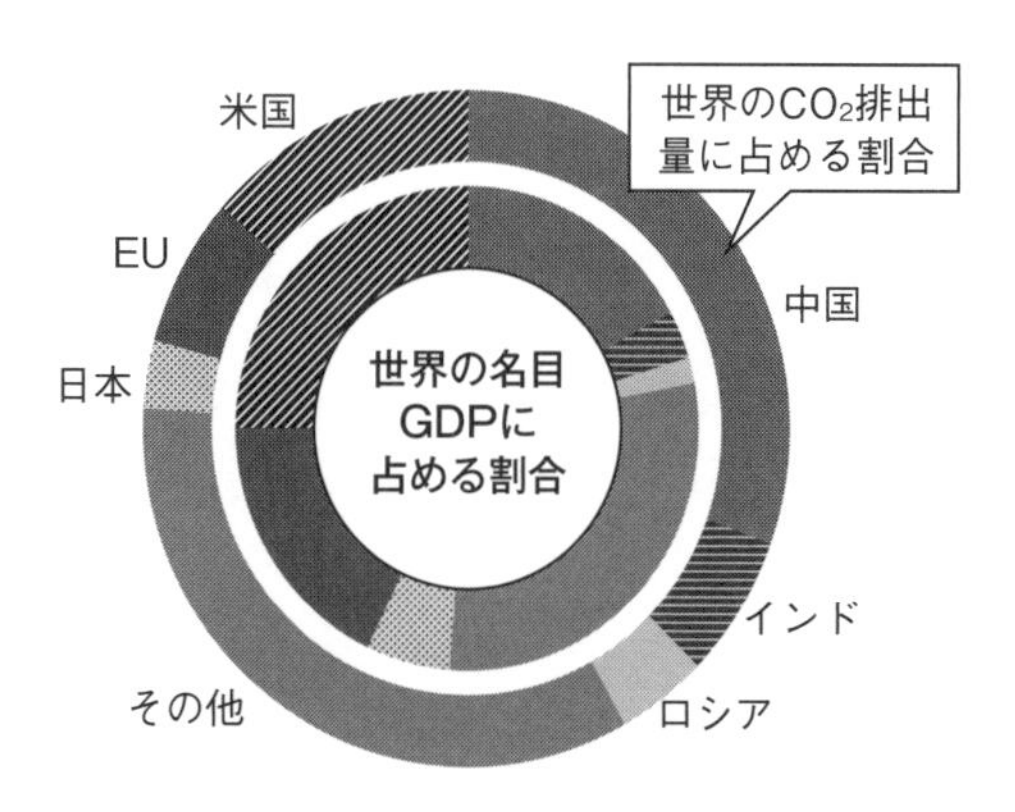

（注）データは2020年　（出所）Our World in Dataや外務省

を10年比で45％減らす必要があるが、現時点では13・7％増える。

19年に異常気象などで家を追われた人は約２４００万人。カリブ海の島国バルバドスのモトリー首相は「１・５度は生存に必要だ。２度ならば死刑宣告。もっと頑張ってほしい」と訴えた。

今回のＣＯＰで溝が目立ったのは、温暖化対策の国際枠組み「パリ協定」が実行段階に入り、「痛み」が出始めたからでもある。風力発電の不調で欧州ではガス価格が高騰し、中国では石炭不足で停電も起きた。

アイルランドのロビンソン元大統領は「ＣＯＰ26は前進したが、気候大災害の回避には全く不十分だ」と発信した。政治ショーでもあり、年１回のＣＯＰで目前の危機に対応できるか不安は膨らむ。国益にとらわれず、地球の危機回避へ動くにはより恒常的な議論の場が必要かもしれない。

2

Ｚ世代が迫る脱炭素
――若者20億人の奔流

（２０２１年11月17日）

「我々は生きたい！　我々は生きたい！」。２０２１年11月初旬、米首都ワシントン。若者らが叫びながら取り囲んだのは石炭産地出身の民主党のマンチン上院議員。背後に「ジョー・マンチンは利益のため我々の未来を燃やしている」との横断幕がある。

脱炭素政策を盛った１・75兆ドル（約２００兆円）の歳出・歳入法案の成立に慎重なマンチン氏に圧力をかけたのは、環境団体サンライズ・ムーブメントのメンバー。気候変動対策に前向きな政治家を議会やホワイトハウスに送り込むのが目標だ。高校生や大学生、20代の若者が夜や週末、手分けし有権者に電話する。

COP26期間中のデモには多くの若者が参加した（2021年11月、英スコットランド）＝ロイター／アフロ

ケネディ家に土

8月に加わったミンヤン・ウェイさん（15）は「平均年齢（64歳）が私の4倍超の米上院議員と違い、気候変動は若者に切迫した問題だ。政治家が我々の声を聞かないなら無視できないよう我々が出向く」と話す。

力を示したのは20年9月のマサチューセッツ州の民主党上院議員予備選。サンライズ・ムーブメントが強く支持した現職のマーキー上院議員が、ケネディ3世下院議員を破った。名門ケネディ家が同州の選挙で負けたのは初めてだった。

90年代半ば以降生まれの「Z世代」。英資産運用会社シュローダーによると、世界に20億～25億人おり、世界人口に占める比率は3割と高い。

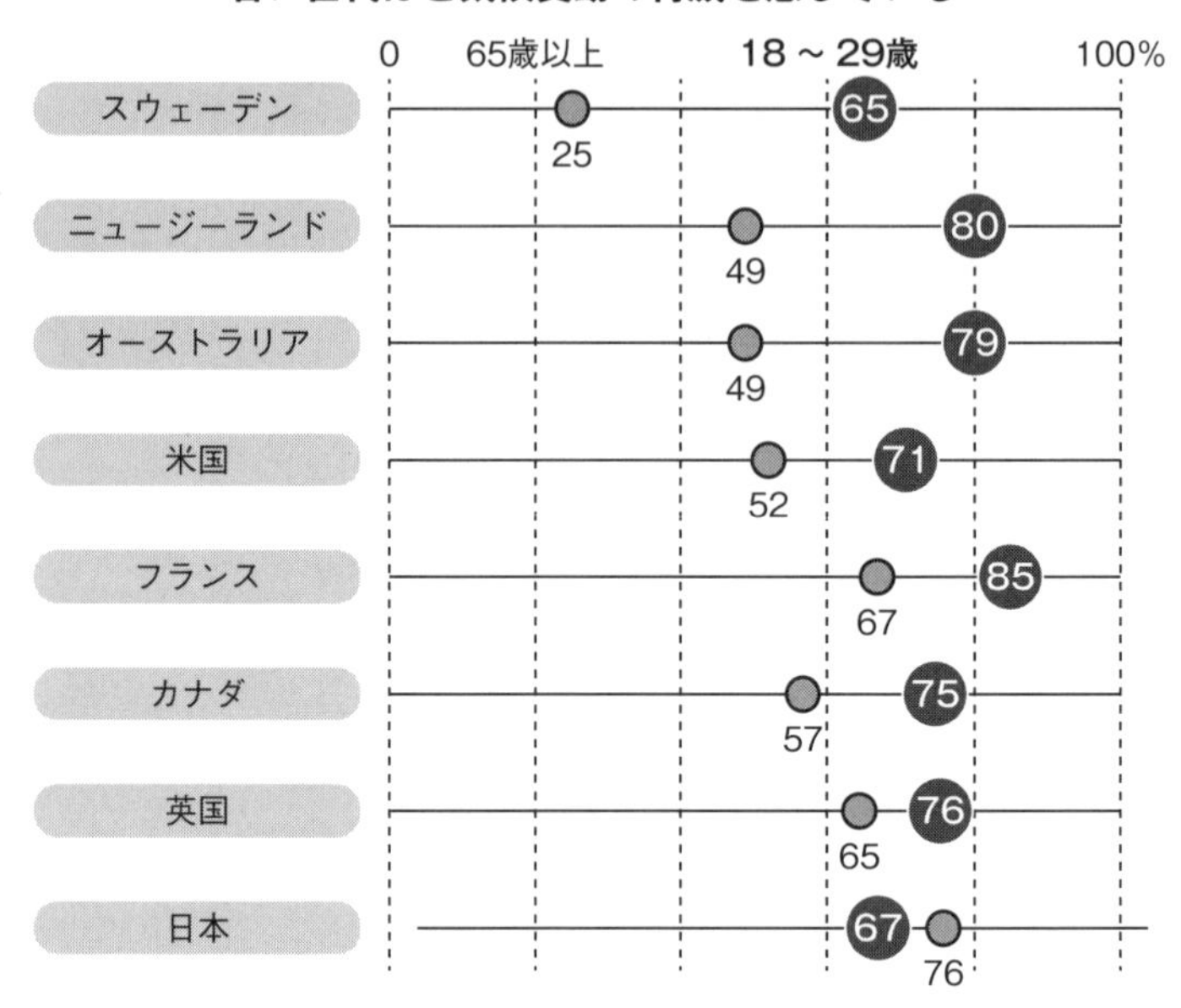

（注）気候変動が個人に与える影響を「とても心配」「ある程度心配」と答えた人の比率、出所はピュー・リサーチ・センター

日本は関心に差

米ピュー・リサーチ・センターの21年の調査によると、Z世代は気候変動への関心が高い。気候変動が個人に与える影響が「心配」と答えた人は、米国で18～29歳が71％だったのに、65歳以上は52％と19ポイントの開きがあった。この差はスウェーデンで40ポイント、ニュージーランドやオーストラリアは30～31ポイントに達した。スウェーデンの環境活動家、グレタ・トゥンベリさんはZ世代を代表する。

欧州は社会全体に危機感が広がる。欧州連合（EU）の世論調査「ユーロバロメーター」によると、EU市民が今春に世界が直面する最

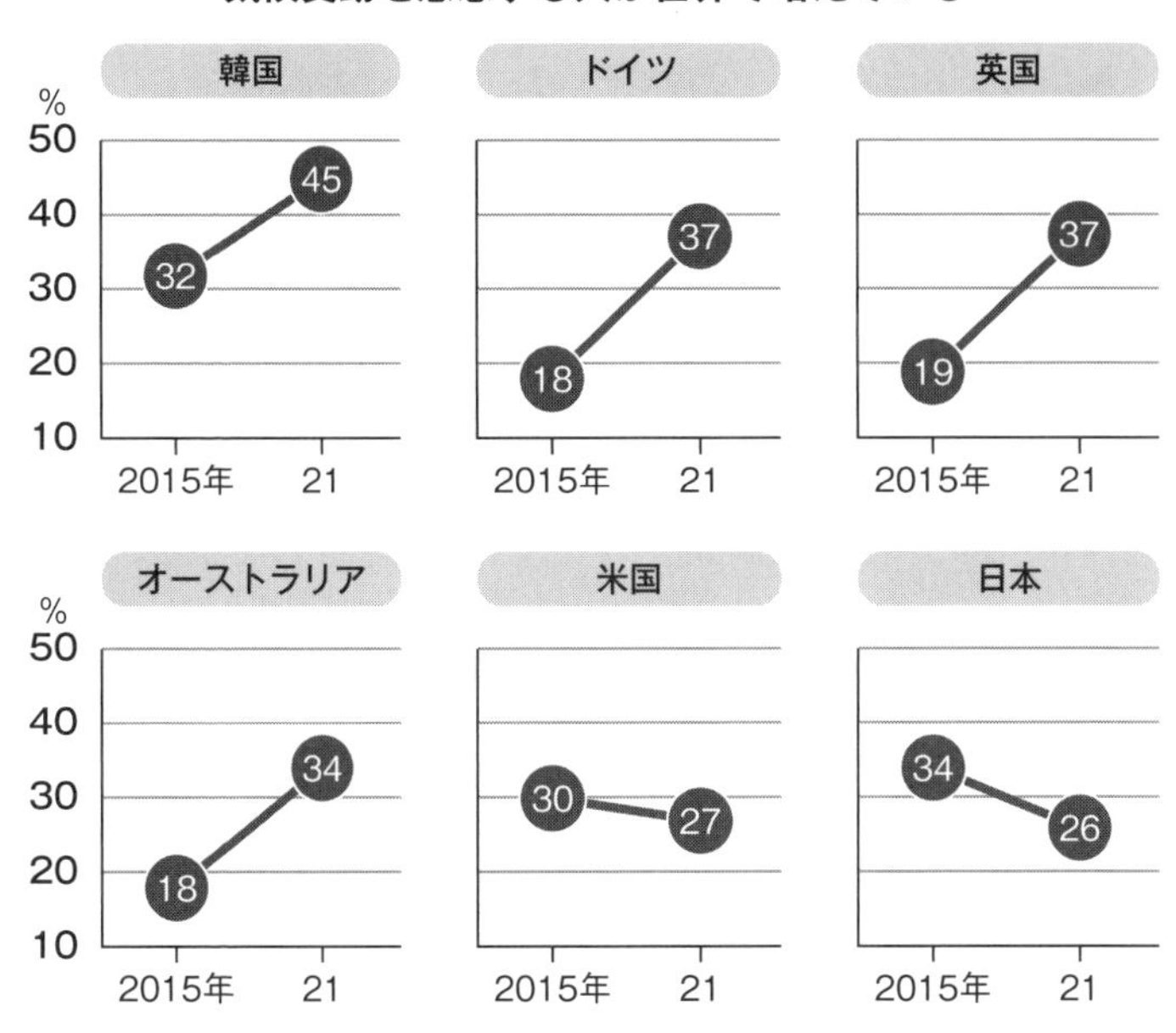

（注）気候変動の個人への影響が「とても心配」と答えた人の比率、出所はピュー・リサーチ・センター

も深刻な問題として挙げたうち「気候変動」は首位。2位の「貧困、飢餓、飲料水不足」も気候変動にからむ。新型コロナウイルス禍でも「感染症拡大」（同率2位）を上回った。

政治家は気候変動に向き合わなければ支持を得られない。2021年9月のドイツ総選挙は環境政党「緑の党」が第3党に躍進しただけではない。主要政党が相次ぎ、より野心的な気候変動対策を約束した。ドイツの非政府組織（NGO）ジャーマンウォッチのルッツ・ヴァイシャー氏は「これは気候変動選挙だった」と語る。

先進国だけではない。米シンクタンク、世界資源研究所（WRI）によると21年1月9日時点で世界73の

「カーボンゼロ」を掲げる国・地域は73に上る

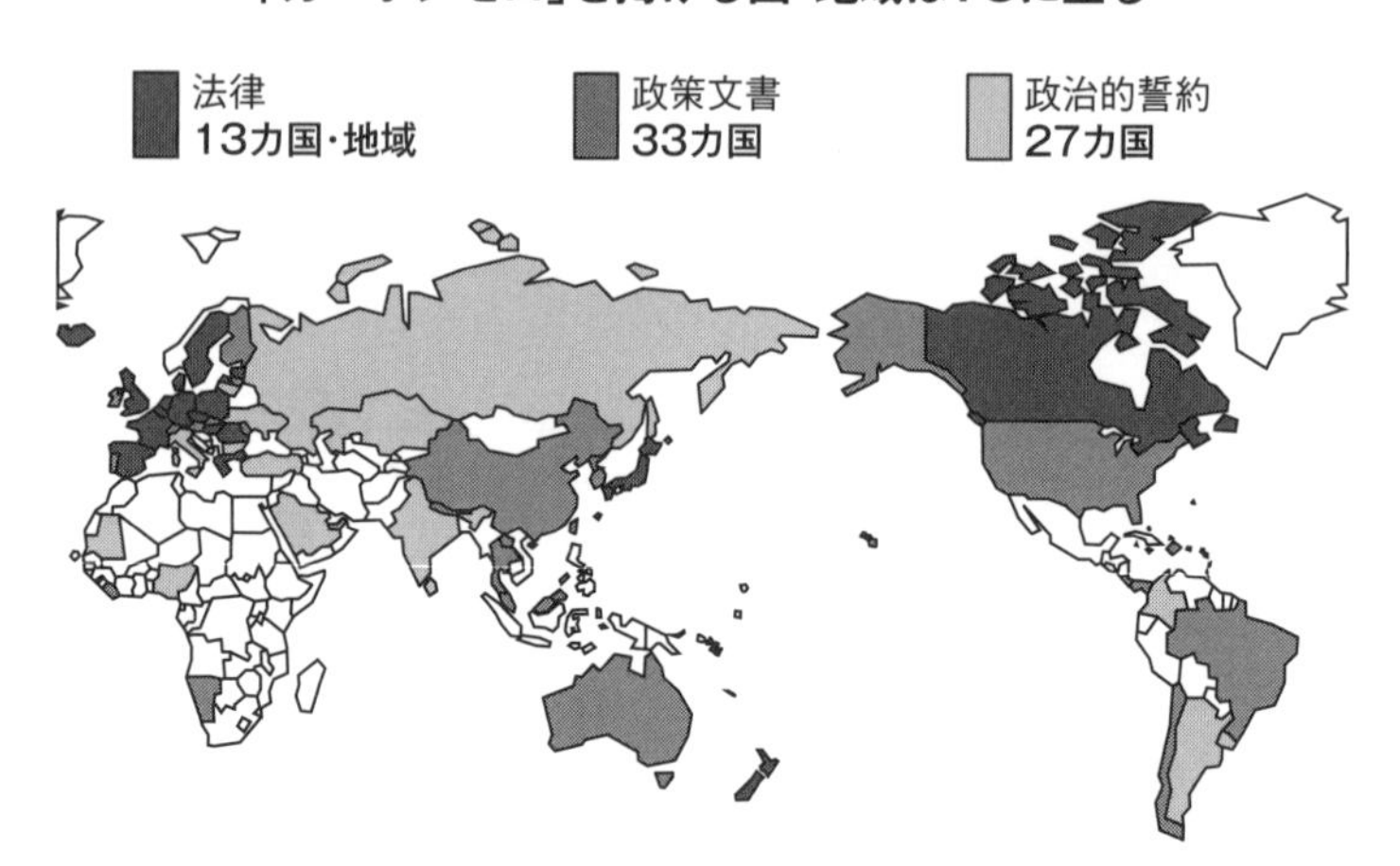

（注）EUは法律で定めるが、域内国の一部は個別に政策文書や政治的誓約を掲げる。2021年11月9日時点

国・地域が「二酸化炭素（CO_2）排出量を実質ゼロ」にすると法律や政策文書、政治的誓約で国民と約束した。日米欧のほか中国やブラジル、インド、アフリカのナミビアやマラウイに及ぶ。

ピュー・リサーチによると気候変動を「とても心配」とした人の比率がドイツは15年18％から21年37％に、オーストラリアも18％から34％に上昇した一方、日本は34％から26％に下がった。大幅な低下は調査対象の17の国・地域で日本だけだ。

２０２１年11月13日に閉幕した第26回国連気候変動枠組み条約締約国会議（ＣＯＰ26）。神奈川県の高校生、原有穂さん（17）は会場でプラカードを掲げ、岸田文雄首相に「石炭はいらない」と訴えた。「長く生きるのは私たちだから、若い人はもっと怒っていい」と話す。

これから多くのＺ世代が有権者になったり、仕事に就いたりしていく。政治の舞台でも消費の現場でもＺ世代の存在感は高まるばかりだ。地球温暖化に敏感なZ世代が社会の主役になるにつれ、政治家も企業も気候変動問題と真剣に向き合わざるをえなくなる。

3 欧州発「緑のルール」

――主導権なき日本に足かせ

（2021年11月18日）

「このパートナーシップは世界初の試みだ」。英グラスゴーで開かれた第26回国連気候変動枠組み条約締約国会議（COP26）。欧州連合（EU）のフォンデアライエン欧州委員長は仏独英と米国を巻き込み、南アフリカの脱石炭を支援する枠組みを宣言した。

計85億ドル（約9700億円）を投じて再生可能エネルギーを導入し、石炭火力発電所の閉鎖を前倒しする。これまで新興国に脱炭素を迫る一方だった欧州が歩み寄った。これには伏線がある。

途上国への壁

「国境炭素調整措置（CBAM）のような貿易障壁は差別的で、重大な懸念がある」。2021年8月下旬、中国やインドなど新興国の環境相は共同でこんな声明を出した。

環境規制の緩い国からの輸入品に事実上の関税を課すＣＢＡＭは「国境炭素税」と呼ばれ、ＥＵの欧州委員会が２０２１年７月に制度案を公表した。規制が緩く、安いコストで作られた域外からの輸出品に対し、ＥＵの排出量取引制度に基づく炭素価格を課して競争環境を公平に保つ狙いがある。

これを発展途上国は自由貿易を妨げ経済発展に悪影響をもたらす「緑の壁」とみた。国連貿易開発会議（ＵＮＣＴＡＤ）の分析ではＣＢＡＭの導入で先進国の歳入が増え、途上国は減る。ＥＵは新興国支援に転じることで批判を和らげ、自らのルールを浸透させようともくろむ。

EUは脱炭素の流れを世界に広げる（フォンデアライエン欧州委員長、2021年11月2日、英グラスゴー）=ロイター／アフロ

「ブリュッセル・エフェクト（効果）」――。ベルギーの首都ブリュッセルに本部を構えるＥＵが域内の規制を利用して、世界を有利に動かそうとする政治手法を、米コロンビア大のアヌ・ブラッドフォード教授は同名の著書でこう呼んだ。２００５年に始めた排出量取引制度は、中国など多くの国や地域が導入。ＣＢＡＭにつながった。

ＥＵのグリーンポリティクス（緑の政治）は経済政策と巧妙に結びつく。19年12月にフォンデアライエン氏が欧州委員長に就任して以降、運輸、農業、金融などあらゆる分野に気候変動対策を組み入れてきた。

「環境問題が経済政策に結びついた２０００年ごろから、ルールを作り世界標準にしようという発想に乏しい日本は、流れに乗り遅れた」。国際標準化機構の日本代表、多摩大学ルール形成戦略研究所の市川芳明客員教授はこう嘆く。

その象徴が自動車分野だ。ＥＵは35年までにハイブリッド車を含む内燃機関車の新車販売を事実上禁止する計画を打ち出した。ＥＵ市場で販売を続けるために、メーカーは電気自動車（ＥＶ）へシフトせざるを得なくなった。こうした流れはＥＶ開発に軸足を置く欧州勢に追い風となり、ハイブリッド車で覇権を握る日本勢には向かい風となる。

迅速対応が必須

「ハイブリッド車が環境に良いという国際規格を日本主導で先に作るべきだった」と市川氏は指摘する。ルールに乗り遅れれば、いかに良い製品を作っても主導権を失う。グローバル競争の足かせとなり、投資マネーも引きつけられない。

世界持続的投資連合（ＧＳＩＡ）の調査によれば、20年の世界のＥＳＧ（環境・社会・企業統治）投資額は35・３兆ドル。そのうち34％が欧州で、日本は８％だった。世界の名目国内総生産（ＧＤＰ）に占める割合はそれぞれ18％と６％で、欧州に実力以上の資金が集まる。

22年春から東京証券取引所に上場する一部の企業で、気候リスク情報の開示が実質的に義務付けられる。主要国の金融当局でつくる「気候関連財務情報開示タスクフォース（ＴＣＦＤ）」の考え方が基本となり温暖化ガス排出量などを示す必要がある。これを怠ると評価は下がり資本の調達コストに跳ね返る。対応は待ったなしだ。

4

スペイン3割減、日本1割減
――政治の覚悟を映す明暗

（2021年11月19日）

ピレネー山脈があるため周辺国との送電線が脆弱なスペインと、島国の日本。電気が不足しそうなときに周辺国からの融通が難しい点で似る。1970年代の石油危機の教訓から国産エネルギーを増やそうとしてきたが、脱炭素の先進国と後進国に明暗が分かれた。

スペインは再生可能エネルギーの導入拡大に向け、送電線を公正な競争の下で使う必要があると判断。電力会社から送電部門を分離させ、中立性を高めた。

天候によって発電量が変化する再生エネを増やすため、国が出資する送電会社がコントロールセンターを2006年に設置。IT（情報技術）を駆使し、気象予報などから精緻に電力需給を調整するシステムもいち早く導入した。

国際エネルギー機関（IEA）は「スペインはエネルギー転換を政策の中心に据えている」と評価す

る。2000年からの20年間で電源に占める再生エネの比率は17％から45％に高まった。発電時の二酸化炭素（CO_2）排出量の多い石炭火力は36％から2％に削減。その結果、国民1人当たりのCO_2排出量は年5トン強と3割減った。

同じ期間で日本の排出量は1割減にとどまり、年8・7トンと水準も高い。足元でも再生エネ比率が2割弱、石炭が3割強を占め、20年遅れの状態だ。

司令塔を一元化

スペインはこの数年も脱炭素化の流れをさらに加速させている。18年6月に発足したサンチェス政権は、政策決定の仕組みの変更にまで踏み込み、環境省とエネルギー省を統合。環境移行省をつくり、司令塔を一元化した。

再編のきっかけは17年に公表予定だった再生エネ関連法案を巡る混乱だ。法案の内容で両省が衝突。法案はその際に公表に至らず、省庁間の足の引っ張り合いが指摘された。

アルビニャーナ駐日スペイン大使（当時）は「省庁統合の効果は極めて大きかった。エネルギーと気候変動対策を組み合わせられた」と話す。懸案の再生エネの新法も成立し、30年までに再生エネ比率を74％まで高める。

日本は発電時にCO_2が出ない原子力発電所を増やし、脱炭素と電力の安定供給を目指す路線だった。東京電力福島第1原発の事故以降、思考停止が続き戦略が定まらない。原発の再稼働は進まず、新増設の議論も長く封印した。その一方で、エネルギー基本計画に「再生エネの主力電源化」を明記したのは18年と出遅れた。

２０２１年10月に決めた新たな計画の策定の過程でも、経済産業省の資源エネルギー庁と環境省はつばぜり合いを続けた。岸田文雄氏が選ばれた自民党総裁選では、候補者の一人の高市早苗氏が2省庁を１つにする「環境エネルギー省」の創設を提案したが、議論は盛り上がらなかった。

スペインのサンチェス首相は脱炭素化の流れを加速させている＝AP／アフロ

痛み伴う改革も

スペインも再生エネへの移行を簡単に進められているわけではない。サンチェス政権は、国内の民間炭鉱のほとんどを閉じると決めた。１０００人以上の失業者が出る可能性があったが、グリーン産業への転職を促す補助金などを提示し、理解を求めた。痛みを伴う改革を政治が主導した。

欧州でガス価格が急騰し、スペインも影響を受けつつあった２０２１年9月。サンチェス首相は国連総会で「気候変動の圧倒的な危機が迫っている。もう否定はできない」と強調した。ぶれずにグリーンポリティクス（緑の政治）を突き進める。

日本は50年の温暖化ガス排出実質ゼロを目指しているが、道筋は見えない。脱炭素化を進めるため、仮に原子力を長期に使うなら安全を確保しつつどう更新するのか。増える放射性廃棄物の処分の問題にも答えを出す必要がある。

原子力を使わないなら、再生エネの上積みに必要な送電網や蓄電池への投資がいっそう求められる。国民に選択肢を示すことすら避け続けてきた日本の政治の覚悟が問われている。

5

「座礁資産」370兆円
——脱石油が揺らす国際秩序

（2021年11月21日）

「生活費がどんどん上がる。親世代のような暮らしはもう望めない」。2年前に米国留学からサウジアラビア首都、リヤドに戻ったアハマドさんは物価高騰を嘆く。通貨をドルにペッグする中東の資源国は米国のインフレを輸入する運命にあるが、それだけではない。

湾岸産油国は「ビジョン」と名付けた脱石油の国家改造計画を競って打ち出し、石油時代の終わりに備える。手厚い社会保障の見返りに、王室への忠誠を求める「社会契約」は書き換えが避けられない。消費税が導入され、電気や水道料金が上がり始めた。

中東の足並みに乱れ

中東では各国のグリーンポリティクス（緑の政治）が足並みも乱す。

２０２１年9月半ば、サウジアラビアの首都リヤドの投資省に大手商社など日本企業の現地代表が集まった。サウジ政府が同年2月、唐突に発表した政府発注事業ルールで説明を求めるためだ。「中東の拠点をサウジに置く企業に契約を限定する」という一方的な内容で、適用範囲などは明らかにしていない。

多くの企業・金融機関はアラブ首長国連邦（ＵＡＥ）のドバイに拠点がある。「宗教規制が厳しいサウジに移転しなければならないのか」。大手商社のドバイ拠点長は頭を抱える。産業の多角化を急ぐサウジは、中東ビジネスの「首都」をＵＡＥから奪おうと画策。王家、首長家の強い結びつきで築いてきた兄弟関係がほころぶ。

税収9割減少も

多角化で先行するＵＡＥは２０２１年10月、産油国で一番早く「２０５０年カーボンゼロ」を打ち出した。ＵＡＥが急ぐのは石油が回収不能な「座礁資産」になりえるからだ。国際再生可能エネルギー機関（ＩＲＥＮＡ）は脱炭素が進めば、化石燃料の上流部門における座礁資産が50年までに３・３兆ドル（約３７０兆円）になると試算。国際エネルギー機関（ＩＥＡ）の報告書によれば、石油・ガスの小売売上高からの各国税収は50年に約9割減る。

強権体制を支える石油収入の急減は産油国に混乱をもたらす。ロシアは石油や天然ガスなど燃料エネルギー部門が輸出の約6割、歳入の約４割を占める。１９９１年のソ連崩壊は原油価格の下落が引き金だった。脱炭素の奔流を前にプーチン大統領の言動は玉虫色だ。

２０２１年10月半ばモスクワで開かれた国際会議では「今後数十年の間にロシアの温暖化ガスの排出量は欧州連合（ＥＵ）よりも低くなる」と言い放ち、60年カーボンゼロを宣言した。一方、第26回国連気候変動枠組み条約締約国会議（ＣＯＰ26）の対面出席は見送った。北極圏では今も国営石油ロスネフチによる国内最大級の油田開発が進む。

ガス価格高騰で混乱する欧州には、安価なロシア産ガスの追加供給をちらつかせ、新たなパイプライン「ノルドストリーム２」稼働の早期認可を迫った。脱炭素に前向きな姿勢を見せつつ「商機を逃さぬよう、欧米の本気度を見極めている」と石油天然ガス・金属鉱物資源機構（ＪＯＧＭＥＣ）の原田大輔・担当調査役は話す。

ロシアは北極園での油田開発を推進する（国営石油会社の石油施設）＝ロイター／アフロ

「石油の世紀」と呼ばれた20世紀は政治家や企業が石油獲得を求めエネルギーを注ぎ込んだ。屈指の油田が広がる中東では歴代の米国大統領が地域の和平への関与と引き換えに、自国の石油資本が権益を拡大する素地をつくった。産油国側も緊張を抱えながら米国との関係を受け入れてきた。

カーボンゼロを起点にした脱石油の動きは経済の変化にとどまらず、長く世界の国際秩序を支えてきた心棒を揺るがしかねない。富の縮小に身構えるロシアや中東だけでなく、日米欧などの先進国も厳しい道を覚悟しなければならない。

インタビュー

国際ルール作成に日本も参画を

多摩大学ルール形成戦略研究所客員教授　市川芳明氏（2021年11月24日）

世界の地球環境に関するルール作りは2000年代に入り変化してきた。以前は環境科学の専門家が中心となって議論をしてきたが、会計学の専門家が入るようになり、環境と経済が結びつくようになった。

きっかけは1990年代後半に登場した国際組織「GHGプロトコル」だったとみている。企業の温暖化ガス排出量を測定して報告する国際基準や、自社の事業活動に関連する間接的な排出量を測定する「スコープ3」など次々と規格を打ち出した。

世界の環境に関するルールは米国と欧州のしのぎ合いで作られてきた。どちらかが作ろうとすれば、主導権をとられまいと塗り替えようとする。例えば、私も規格作りに関わった、製品のライフサイクル全体の二酸化炭素（CO_2）の排出量を示す「カーボンフットプリント」。GHGプロトコルが打ち出すと、ほぼ同時にドイツが国際標準化機構（ISO）で規格作成を始めた。

日本はこうした社会問題に取り組むための規格作りや、戦略的なルールの使い方が下手だ。国はルール作りに熱心ではないうえ、国際標準作りは民主導でなければならないと考えている。一方で、企業は業界横断的な規格はお上が決めるべきだと思っており、日本発のルール作りが進まない。

1960〜70年は、日本は世界に誇れる環境先進国だった。当時、世界中で公害が発生したが、

市川芳明
（いちかわ・よしあき）**氏**
1979年東京大学工学部卒、日立製作所入社。国際標準化機構の日本代表のひとりで、カーボンフットプリントや循環経済（サーキュラーエコノミー）ビジネスモデルの規格作りなどに携わる。2016年から現職。

日本は高度成長期にいち早く公害を経験して、様々な法律や規格ができ世界中がまねた。ところが、２０００年代に環境問題が経済と結びつくと、一気に乗り遅れた。

そうこうしているうちに、中国が国際標準に熱心に取り組み始めた。まだ経験が浅いため、国際標準の作り方が粗く、交渉もうまくない。ただ、中国で国際標準に携わる人材は30～40歳代が中心。一方、日本は60歳以上だ。時がたてば熟練し、将来、中国がルールを支配し、日本がますます地位を落とすことは容易に想定できる。

ただ、日本にも勝機はある。例えばアジアの新興国の低炭素化だ。火力発電が多くCO_2を大量に排出しているが、日本は経済支援や技術協力を多く手掛けている。実際日本が主導しCO_2の排出減につながる火力発電の運用方法の国際規格を作った。この方法を採用する場合、複数の発電所を束ねて最適制御する集中遠隔管理センターを造るとより効果的だ。新市場となる可能性があり、日本の政府開発援助（ＯＤＡ）のターゲットにしてもいい。

こうした脱炭素に向かう途中段階の取り組みに投融資する「トランジション・ファイナンス（移行金融）」の考え方は日本のアイデアで、国際的に取り入れられるよう日本が頑張っている。

日本が世界で存在感を発揮するためにも、英国などのように国際標準の人材育成が急務だ。経験を積まなければ人材は育たない。経験は企業で積むのが最適だが、企業だけでは限界がある。半官半民の組織が必要だ。（聞き手は杉垣裕子）

インタビュー

司令塔を一元化、他国も追随

ホルヘ・トレド・アルビニャーナ氏

駐日スペイン大使（現・欧州連合ＥＵ）の駐中国大使）

（２０２１年11月26日）

スペイン政府は20年以上も前から気候変動対策を優先課題と考え、再生可能エネルギーへの転換に取りかかった。２０２０年は電力の45％が再生エネ由来だった。30年には74％に引き上げる目標だ。未来のエネルギーを担うのは再生エネだと確信しているからだ。

再生エネ拡大は国際競争力の向上につながる。スペイン企業は世界で再生エネ事業を手がけ、風力発電で約１２００の特許を持つ。

再生エネの推進に不可欠だったのが環境省とエネルギー省の統合だ。18年に環境移行省に司令塔を一元化した効果は極めて大きかった。17年に法案の公表が見送られた再生エネ関連の新法も省庁統合の結果、成立にこぎ着けた。

２つの省庁が優先順位を主張して争う場合に比べ、政策決定のプロセスが合理化された。（エネルギーと環境政策が一元化されている）欧州連合（ＥＵ）との調整も円滑になった。国によって事情は異なるが、他国も同じような体制になっていくのではないか。

電力会社と送電会社の分離も重要だった。再生エネの導入には送電部門の中立性を確保し、発電事業者と販売事業者の間で公正な競争が働くようにしなければならない。天候によって増減しやすい発電量をＩＴ（情報技術）で需給調整する電力システムの導入も、スペインの知見が他国と共有できるだろう。

欧州は現在、電力の需給逼迫への懸念が強まり、天然ガス価格が高騰する。この危機は一時的なもので、中長期で最も重要なのは化石燃料への依存の低減だ。自前の資源を生かした発電、特に再生エネの比率を高める意義は変わらない。

スペインも電力価格の高騰に見舞われたが、主因はガス価格だ。EUの電力価格体系ではガス価格が家庭向けの料金に大きく影響するためで、EUに見直しを求めている。再生エネの発電コストは石炭やガスよりも安い。再生エネの拡大にあわせて電力価格が抑えられるよう議論すべきだ。

隣国フランスとの電力の相互接続の拡大や、蓄電設備の増強も課題だ。スペインは東部にそびえるピレネー山脈によって国外との電力融通が限られ、電力面では日本と同じ「島国」と言える。エネルギー安全保障の観点からも再生エネの推進は命題だった。

エネルギーの転換に早期に取りかかった半面、スペインは過去にも難題に直面してきた。当初は再生エネの固定価格買い取り制度を導入したため、供給過剰の「バブル」を招いた。現在はオークション（入札）制度に切り替え、発電事業者が価格を提案することで買い取り価格が適切に定められるようになっている。

太陽光や風力発電に恵まれた環境のスペインでは、石炭やガスを輸入する代わりに再生エネを増やす重要性について、早くから国民の同意が得られていた。

日本での議論は本格化したばかりで、時間がかかるか

ホルヘ・トレド・アルビニャーナ
(Jorge Toledo Albiñana)氏
1990年代にインドと日本のスペイン大使館で参事官、2008～11年にセネガルでスペイン大使を務める。本国ではラホイ前政権で欧州連合（EU）担当長官などを歴任し、主にEUとの政策調整を担った。

もしれない。問題が大きいほど、解決に向けた変化への抵抗はつきものだ。それを克服できるかも、世界共通の課題となる。（聞き手は小川知世）

インタビュー

対策への負担を感じやすく

国立環境研究所・地球システム領域副領域長　江守正多氏

（2021年11月27日）

気候変動の危機感は日本では人々に伝わっていない。もともと災害が多く、大雨が続いてもインパクトが小さかったり、災害のニュースで気候変動の影響や脱炭素の重要性を強調しなかったりすることが要因として挙げられる。

日本では気候変動の対策を「我慢や不便」と捉え、負担と感じやすいことも背景にある。国民負担を強調する論者もいる。環境省は「我慢ではなく賢い選択だ」とするキャンペーンを始めたが、浸透していない。

欧州のように国民の多数が関心を持ち、政治の争点になることは日本で想像しにくい。今は強い関心を持ち、行動力がある少数の人が活動しており、この動きを、潜在的に関心を持つ層に広げたい。国会議事堂前のデモや企業の株主総会で脱炭素経営を問う若者らを応援する人が増えてほしい。

日本の気候変動政策は国民の問題意識ではなく、諸外国からの外圧で変わってきた。外圧はこれからさらに強まるため、日本が変わっていくこと自体に不安はない。ただ、国際的なルールができてからでは不利な変わり方しかできなくなる。日本では大きな社会運動になりにくいが、政策を早く変えないとますます不利な状況に追い込まれる。

関係者の納得感を得ながら気候変動政策を進めるには国民に議論を開くことが重要だ。民主党政権での2011〜12年のエネルギー・環境会議がモデルになる。

無作為抽出の市民が専門家の情報を基にグループで議論し、エネルギー政策に関する意見をアンケートで答える「討論型世論調査」を初めて本格的に実施した。政策の転換点であるこの機会に実施してもよいだろう。英仏では無作為抽出の国民が議論し、政府に政策提言する「気候市民会議」が開かれている。日本でも我々が研究の一環として札幌市で市民会議を開いた。

議論の結果はすぐに政策に反映されないケースもあるが、政府が政策決定の理由を丁寧に説明すればよい。市民が参加して議論すれば意見が分かれやすい論点を可視化できる。将来の政策を考える材料にもなる。

江守正多
(えもり・せいた)**氏**
1970年神奈川県生まれ。東大院博士課程修了。97年国立環境研究所、2021年現職。専門は地球温暖化予測とリスク論。気候変動に関する政府間パネル(IPCC)第5、6次評価報告書の執筆者。

自民党総裁選ではエネルギー・環境政策の関係省庁を統合する案が出た。統合の結果、どこかの省庁が主導権を握ればバランスを欠く。司令塔は首相官邸といった一段上で担うべきだ。

菅義偉前政権では、エネルギー基本計画と地球温暖化対策計画の検討は菅氏のイニシアチブにより環境省と経産省に指示を出して進めていた。官邸に設置した有識者会議は屋上屋の感もあるが、それなりに機能したと感じている。

科学者で構成する英国の気候変動委員会の仕組みは、政治と科学の長い議論の蓄積の上に成り立っている。日本での導入には慎重な検討が必要だろう。

なぜなら自然科学はどの政策がよいかは決められないからだ。科学者ができることは、例えば、気温上昇幅が2度と1・5度では気候変動の影響がどのように違うかを説明することで、政策決定には政治的な価値判断が必要だ。（聞き手は岩井淳哉）

第6章

第４の革命 カーボンゼロ

THE 4TH REVOLUTION CARBON ZERO

戦時下の乱気流

カーボンゼロからエネルギー安全保障へ。
資源大国ロシアによるウクライナ侵攻は石油・ガスの供給不安を引き起こし、
脱炭素に向かっていた世界を化石燃料依存に揺り戻した。
だが、時計の針は本当に逆回転したのだろうか。
将来を見据えた再生可能エネルギーの開発はむしろ加速。
電源構成の見直しや送電網の強化など、
戦時下の乱気流の中で安定供給と脱炭素を両立させる知恵が問われている。

1

欧州、発電排出4％拡大

――危機が映す脱炭素の試練

（2022年4月21日）

エネルギー転換、世界秩序揺らす

ロシアによるウクライナ侵攻でカーボンゼロに乱気流（2022年3月20日、マリウポリ）＝ロイター／アフロ

ロシアによるウクライナ侵攻で、温暖化ガス排出を実質的になくす「カーボンゼロ」が乱気流に見舞われた。天然ガスや石油の供給不安からエネルギー安全保障の意識が一気に高まり、化石燃料の増産が広がる。カーボンゼロの試練を危機が映し出した。

2022年2月24日の侵攻後、欧州で石炭火力の発電が増えている。エナジーモニターによると、侵攻前後の1カ月ずつの比較で欧州連合（EU）の発電に占める石炭火力の比率は侵攻前の10％から侵攻後は13％に上昇した。

なかでもドイツは25％から37％に急上昇した。ガス火力の比率は2ポイントしか上昇していない。ガスの高騰と供給不安で、安くて自国で賄える石炭への回帰が起きる。

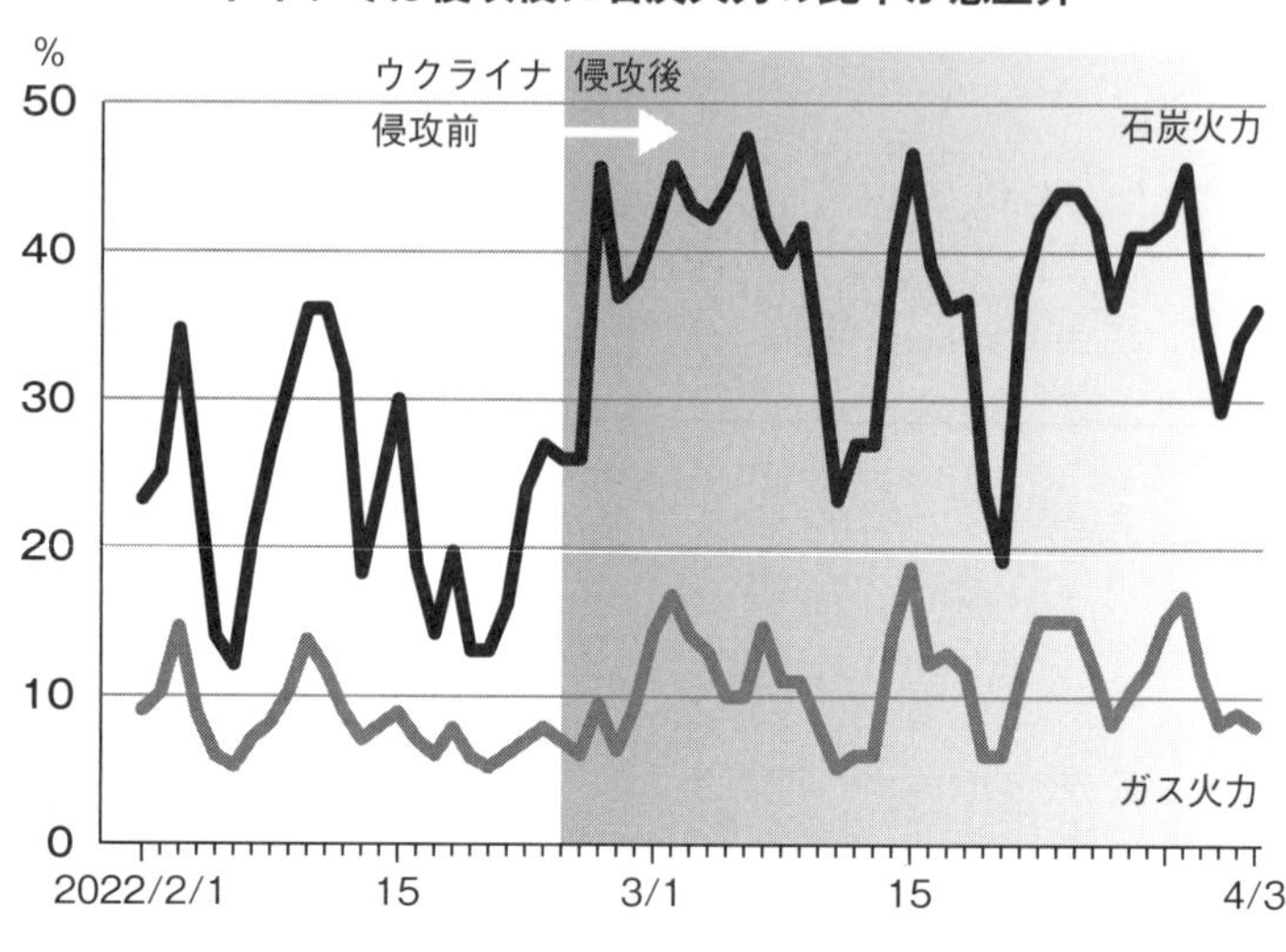

石炭火力は運転中の二酸化炭素（CO_2）排出がガス火力の約2倍ある。日本経済新聞の試算では、侵攻後の石炭比率上昇によりＥＵの発電からのCO_2排出は４％増える。ＥＵは２０３０年の排出量を１９９０年比で少なくとも55％削減する方針で、毎年減らさなければ達成は難しい。

侵攻以前、欧州は石炭の利用を減らし、脱炭素のつなぎ役としてロシア産のガスを増やした。ＥＵ全体で消費量の４割をロシアに頼る。侵攻により脱炭素社会への移行戦略の危うさが露呈した。

１日５１０億円支出

国際エネルギー機関（ＩＥＡ）によるとガス代金としてロシアはＥＵから１日４億ドル（約５１０億円）超を受け取る。石油では同７億ドルが世界からロシアに流れる。ウクライナの気候学者スビトラーナ・クラコフスカ氏は「気候変動と今回の戦争の根っこにいずれも化石燃料がある」と英紙ガーディアンに話した。

ロシアの戦費を絶つためにも化石燃料の脱ロシアが急務となり、各国で増産や開発が相次ぐ。「我々は戦時体制にある。原油や天然ガスの供給を増やす必要がある」。グランホルム米エネルギー長官は２０２２年３月に呼びかけた。米国のシェールオイル生産は12月には侵攻前より日量１００万バレル以上増える見通しだ。

中国は石炭増産

中国政府は２０２２年２月、内モンゴル自治区など３カ所の炭鉱開発計画を認可した。生産量は日本の年間消費量の１割にあたる計１９００万トン。習近平（シー・ジンピン）国家主席は３月に「炭素削減と同時にエネルギーの安全も確保せよ」と語った。

脱炭素は産油国ロシアを揺さぶってきた。15年12月に温暖化対策の国際枠組み「パリ協定」に合意すると、翌16年１月に北海ブレント原油先物は１バレル27ドルまで下落した。ロシアの国内総生産（ＧＤＰ、ドル建て）は16年、ピークの13年から４割も減り、21年のＧＤＰも13年をなお３割下回る。

英ウッドマッケンジーは21年、脱炭素へ向かえば北海ブレントは50年には１バレル10〜18ドルまで下落すると分析した。ロシアの侵攻は閉塞感を打ち破ろうとした暴挙だった可能性がある。

国際再生可能エネルギー機関の試算では、脱炭素へ向かえば、50年の世界のＧＤＰは脱炭素しない場合より２・４％増える。エネルギー転換の巨額投資が押し上げるためだが、影響は地域により異なる。ＥＵは７・４％増える一方、「ＥＵ以外の欧州」は１・６％増にとどまり「中東・北アフリカ」は逆に

2・5%減る。

2022年3月下旬、イエメンの親イラン武装組織フーシ派がサウジアラビア国営石油会社の石油貯蔵施設を攻撃した。フーシ派は1月にはアラブ首長国連邦（UAE）への攻撃も繰り返した。後ろ盾のイランがUAEと接近するさなかの攻撃に、フーシ派へのイランの影響力低下がささやかれた。

脱炭素で産油国の力が衰えれば各国が支援する武装組織に歯止めが利きづらくなりかねない。日本エネルギー経済研究所の保坂修司中東研究センター長は「産油国は国民に富を約束し政府の正統性を担保してきた。化石燃料収入が減り、富を分配できなくなれば不安定化を助長する」と話す。

米国はシェール革命で原油の輸入国から輸出国に転じ、アフガニスタンから軍を撤収。米大統領が中東の和平に深く関与した時代は終わった。一方、西側諸国がロシア産原油の禁輸に動くなか、サウジやUAEは米欧から請われても原油を増産しない。米欧と産油国のドライな関係は世界の原油相場を揺さぶる。

「30年後には大量の石油がありながら買い手がいなくなる」。21年に死去したサウジのヤマニ元石油相は早くも00年に喝破し、産油国の石油依存に危機感を訴えた。脱炭素を進める中で産油国をいかに軟着陸させるかは世界の安定を左右する。

カーボンゼロのようなエネルギー転換は富の巨大な移転を起こす。既存の世界秩序を揺さぶり、あちこちにひずみを生む。今回の危機はそんな現実を我々に突きつけ、覚悟と行動を迫る。

2

ロシア対策に動く欧州
――エネ安保、再構築の時

（2022年4月22日）

化石燃料への投資減退を背景に進む資源高は産油国ロシアのウクライナ侵攻で拍車がかかった。天候で発電量がかわる再生可能エネルギーを増やしながら、電気をどう安定供給していくか。電力システムの柔軟性やエネルギーインフラの「レジリエンス（強じん性）」がカギを握る。

「（ロシア大統領の）プーチン氏のような人間の恐喝に左右されることはできない。我々は自国でエネルギーの安定供給を確保すべきだ」。ジョンソン英首相は2022年4月7日、こう強調した。

英は原発拡大

英政府が2022年4月6日発表したエネルギー安全保障戦略。洋上風力発電の容量を30年までに5倍の5000万キロワットにし、1400万キロワットの太陽光も35年までに5倍にする。

ポイントは天気に左右されず24時間発電できる原子力発電所も50年までに3倍超の2400万キロワットに増やす点だ。最大8基の原子炉を建設する。

ドイツも26年までに2000億ユーロ（約26兆円）を投じて再生エネの拡大を前倒しし、35年に全電力を賄うようにする。リントナー財務相は「再生エネは自由のエネルギーだ」と話し、エネルギー安保と脱炭素を両立させると説く。

ウクライナ危機を受けてロシア産のエネルギー資源の脱却が必要になり世界の状況は一変した。それでも欧州は電源構成の見直しなどの対応策をすぐに打ち出した。英国を含め送電網がつながる欧州は有事に電気を融通しあったり、脱ロシア依存や脱炭素にともに取り組んだりと、強じんさ、柔軟さを相互に高め合おうとする強みがある。

島国で海外と送電網がつながらず、ただでさえ脆弱な日本はちぐはぐな対応が目立つ。東京電力パワーグリッドの岡本浩副社長は2022年3月22日、「このままいくと夕刻に一部停電が発生し始める恐れがある」と明かした。

かみ合わぬ需給

2022年3月16日の福島県沖地震で火力発電所が複数止まり、低気温で暖房需要も膨らんだ。政府は初の「電力需給逼迫警報」を東電と東北電力管内に出した。十分な電気が確保できず、家庭や企業の節電に頼る手段にまで追い込まれた。

3週間もたたないうちに逆の事態も起きる。電気を使い切れない恐れがあるとして、太陽光などの発電を事前に止める「出力制御」を四国電力、東北電が実施した。それまでは太陽光が普及する九州電力だけだった。背景にある蓄電池や地域間の送電線の容量不足は対策が追いついていない。

日本は30年度に再生エネで約4割、原発、ガス火力、石炭で約2割ずつ賄う電源構成の目標を掲げるが、実現は遠い。原発の中長期の活用方針を含め、電力システムや現実的な電源構成の議論が欠かせない。

世界では新型コロナウイルス禍からの景気回復も背景に21年の二酸化炭素（CO_2）排出量は363億トンと最多になった。中国やインドで石炭火力の利用が増えている。

国連の気候変動に関する政府間パネル（ＩＰＣＣ）は22年4月公表の報告書で温暖化ガス排出の30年段階の半減と、50年実質ゼロの重要性を訴えた。国際エネルギー機関（ＩＥＡ）は50年ゼロを達成する場合、電力の約9割が再生エネ、約1割が原子力と予測する。

化石燃料や資源国に依存しない電源構成の確立が必要になる。米シンクタンク世界資源研究所のジェニファー・レイキ氏は「価格変動への対策のためにも蓄電池や送電網など電力系統への投資が重要だ」と話す。

スペインで風が弱まり風力発電量が落ち込んだり、ロシアがウクライナにある原発を攻撃したりと、あらゆるリスクの想定が必要になっている。柔軟な対応で安定供給しつつ脱炭素を両立させる知恵が問われている。

インタビュー

資源高にはエネルギー効率化で対抗

米シンクタンク世界資源研究所　ジェニファー・レイキ氏　（2022年5月10日）

ロシアとウクライナを巡る情勢は、クリーンなエネルギーについて改めて考える重要な機会だ。まずは家庭へのエネルギー価格の負担増などを考慮し、消費者がエネルギーに関わる部分をいかにレジリエント（強じん）にし、危機に耐えられるようにするかを考えなければならない。

第一に世界全体でみると住宅やビジネス、運輸の分野でエネルギー効率を高めるための設備投資が圧倒的に足りない。消費者のコスト負担を減らすために、いかに最良で最新の技術を投入できるか。エネルギー需要の抑制は、短期的に燃料価格の高騰から身を守るための唯一の手段となる。今すぐ目を向けるべきだ。

ロシアによるウクライナ侵攻の影響は短期と長期で異なる。足元では燃料の供給を管理し、エネルギー貧困層や経済へのこれ以上の打撃を抑えなければならない。これは多くの政府が現在、取り組んでいる。

長期的な対応では新型コロナウイルス感染症への経済施策の教訓を生かすべきだ。各国は主に化石燃料依存を強める方向へと過剰投資してきた。

不安定な燃料供給に頼り続けるのか、それとも効率的で断熱・換気性が高いインフラを作り、分散型の再生可能エネルギーにより電力システムを強化する機会にするのか。そのバランスを考える必要がある。

ドイツが新しく液化天然ガス（LNG）ターミナルを建てようとしている。LNGは短期的に必要だが、長期でみた場合の位置づけは変わらない。多くの投資家にとって、化石燃料の新規プロジェクトは座礁資産になる可能性が高い。

安全保障の観点からも、化石燃料への依存を高めることは望ましくない。ドイツとロシアを結ぶガスパイプライン計画「ノルドストリーム2」も巨大な座礁資産だ。

ジェニファー・レイキ
(Jennifer Layke)氏
世界資源研究所（WRI）エネルギー担当グローバル・ダイレクター。世界グリーンビルディング協会、Global Cool Cities Allianceなどの役員を務める。

温暖化ガスの排出量をゼロにする未来に向け、その解はひとつではない。国により、地熱や風力発電の資源があるかなどによって、選択肢が違う。原子力発電所の活用についてはたくさんの異なる見解があり、社会の受容度も様々だ。原発事故があった日本のような市場では、安全性について一定の疑念がある。

電力系統を安定させるためには（発電量が天候に左右される再生エネで賄いきれない）最後の5～10％をどうするかを考えなければならない。（化石燃料を使うとしても）二酸化炭素（CO_2）を回収・貯留するCCSの有用性はまだ分からない。ある技術を検討する際は他の選択肢と比べながら見極めることが必要だ。

今回は政治的に起きた危機だが、エネルギー危機はこれが最後ではない。自然災害によるものも起こる。

エネルギー価格の変動への対策のためにも、蓄電池や送電網など電力系統に投資し、電力システムを強化していくことが重要だ。再生エネ由来の「グリーン水素」や「グリーンアンモニア」は将来的に有望となる。まだ流通インフラが存在しないため、備えていくべきだ。（聞き手は奥津茜）

インタビュー

気候変動危機は変わらず

米タフツ大学フレッチャー法律外交大学院名誉学長
レイチェル・カイト氏（2022年5月11日）

ロシアのウクライナ侵攻の世界への影響を見極めるにはまだ早い。欧州はロシア以外の地域からの石油や液化天然ガス（LNG）、石炭の調達を進めており、燃料が高騰するエネルギー市場は混乱している。ただ、化石燃料離れが先進国だけでなく、全ての国で加速するかは不透明な状況にある。

ウクライナ危機を受け、燃料と食料の価格が高騰し、インフレ圧力が強まっている。国によっては経済への大きな打撃となる。各国政府は燃料と食料の価格を安定させるための補助金などを検討すべきだ。最貧国には国際通貨基金（IMF）や国際開発金融機関が支援する必要がある。

今後数カ月の状況と国際社会の対応が、2022年11月の第27回国連気候変動枠組み条約締約国会議（COP27）の交渉にも影響してくるだろう。開催国のエジプトも小麦などの食料価格の影響を受けるリスクが大きい。

欧州を中心に複数の国はロシアの化石燃料への依存を減らそうとしている。他国から化石燃料を調達したり、省エネなどによりエネルギー需要を減らしたりする機会になっている。

中期的な視点では、化石燃料を再生可能エネルギーなどの二酸化炭素（CO_2）を排出しないエネルギーに置き換えようとする議論が欧州連合（EU）や英国で進んでいる。

ロシア以外の地域での石油・天然ガスの供給は一時的に増えるかもしれないが、それは短期的な措置にすぎない。戦争があるからといって、気候変動危機がなくなったわけではない。多くの政府が掲げるCO_2排出量をゼロにする目標はそのままになっている。

天然ガスがどの程度、脱炭素への転換期を支える「トランジション（移行）燃料」といえるのかは疑問だ。天然ガスの利用、生産から出るCO_2やメタンガスは、回収・利用・貯留する必要があるからだ。

再生エネと（蓄電池などの）エネルギー貯蔵設備は大幅に拡大しなければならず、プロジェクトは優先的に取り組むべきだ。エネルギー安全保障のためにも再生エネのほかに、同盟国同士で電力を融通できるような送電網の連系線が重要になる。独裁政権のエネルギー源に頼るのは危険だ。

エネルギーの供給面に意識が向きがちだが、デジタル化や規制などにより需要そのものを抑える重要性も高まっている。

暑い夏や寒い冬に備えるのに新しいガス田の開発は間に合わない。暖房の温度を下げたり、自動車などの運転速度を落としたりして燃料の需要を減らすのが一番安く済む。日本では東日本大震災後の需要管理などを経験し、その方法を理解している人が多いだろう。

原子力発電所は設備が既にあり、安全に管理し、守ることもできる国には温暖化ガスを排出しない電源として重要だ。

レイチェル・カイト
(Rachel Kyte)**氏**
世界銀行副総裁兼気候変動特使や、クリーンエネルギーなどへの全ての人のアクセスを目指す「万人のための持続可能なエネルギー(SEforAll)」国連事務総長特別代表を歴任。

ただ、新規に計画して建設するのは時間がかかる。再生エネのコストは下がっており、温暖化ガスの排出量を急いで大幅に減らすためにはあまり助けにならない。（聞き手は奥津茜）

第7章

第4の革命
カーボンゼロ

THE 4TH
REVOLUTION
CARBON ZERO

2つの危機

ロシアによるウクライナ侵攻は地球温暖化に対応しながら、
エネルギーを安定供給する難しさを改めて浮き彫りにした。
気候変動と電力不足という「2つの危機」は、
太陽光や風力など再生可能エネルギーへの傾斜が強まるなかで、
相互に作用し問題をさらに深刻化させる。
事故のリスクもある原子力発電や、
石炭よりも低炭素なガスを現実解と割り切る動きも出てきた。

1 揺らぐエネ供給・温暖化対策

――1・5度目標、3年後が分水嶺

（2022年8月30日）

地球温暖化を抑える脱炭素が試練の時を迎えている。ロシアのウクライナ侵攻によりエネルギーの安定供給が揺らぐ危機が起きた。化石燃料を使う発電所の稼働が増えるなかで、気温上昇を産業革命前から「1・5度以内」に抑える「パリ協定」の目標を実現できるかの分水嶺も3年後に迫る。2つの危機を乗り越える現実解を導けるるか。

LNG開発再開

米国で約3年ぶりの液化天然ガス（LNG）プロジェクトの新規投資が2022年5月に決まった。シェール由来のLNGを年間約1300万トン産出する。ウクライナ侵攻までは化石燃料であるガスは脱炭素の潮流から将来の消費が減るとの見立てが強く、長期の調達契約を結びにくい状況だった。

事業を手掛ける米ベンチャーグローバルのマイク・セイブル最高経営責任者（CEO）は「融資で力強い支援を受け、投資を決定できた」と話す。132億ドル（約1兆8000億円）のプロジェクトファイナンスにはバンク・オブ・アメリカやドイツ銀行、日本のメガバンク3行など20行近くの銀行が名前を連ねた。

世界のエネルギー事情はロシア産ガスの供給途絶の懸念が高まり一変した。英仏は再生可能エネルギーや原子力発電所の導入拡大、前倒しを打ち出し、日本も稼働原発を増やす議論に着手した。欧州では足元の電力不足懸念を解消しようと石炭火力の活用も広がる。

国際エネルギー機関（ＩＥＡ）は２０２２年の石炭消費量が約80億トンと、ピークだった13年の水準に戻るとみる。電力需要が増えるインドに加え、環境政策で先行する欧州での利用が拡大している皮肉な構図だ。

各国がなりふり構わずエネルギー危機の回避を急ぐなか、温暖化の危機も刻一刻と進む。

水没懸念で移住

美しい海岸線で知られる米国のフロリダ州。「海岸から90メートルの家に住んでいたが内陸部に引っ越した」。ジム・デュロシャーさん（68）は同州ココアビーチから移住した。「海面の水位が将来上がるのは目に見えているから」とその理由を話す。

米マッキンゼーは同州の洪水リスクのある住宅の価格について30年までに5〜15%、50年までに15〜35%下落する可能性を示す。

米国は人口の４割近くが海岸域に住み、海面上昇の影響は大きい。フロリダ州立大学のマット・ハウワー准教授は「２１００年までに海面が１・８メートル上がると過去最大級の１３００万人の米国内移住が起こる」と分析する。

気候変動が招くこうした過酷な未来を防ごうとするのがパリ協定の１・５度目標だ。人々が生活する

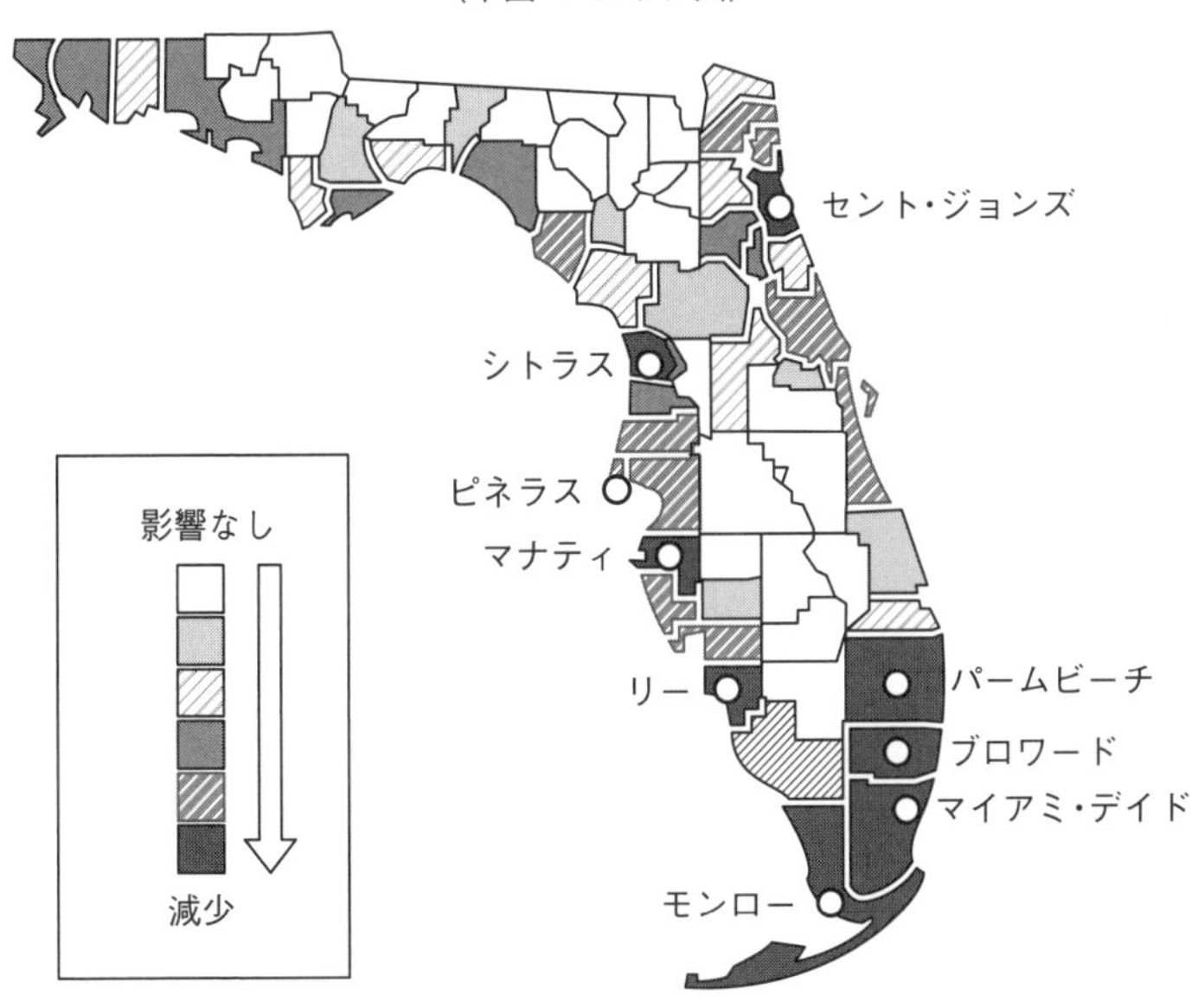

（出所）米マッキンゼー

上でのぎりぎりの線とされる。

２０２２年夏に欧州で被害が深刻になった熱波の及ぶ影響は、１・５度までの上昇なら世界人口の14％にとどまるが、２度の上昇になると37％に高まる。生態系が崩れ人間の生活も大きな影響を受ける分岐点となる。

国連気候変動に関する政府間パネル（ＩＰＣＣ）は目標の実現には「25年までに世界の温暖化ガス排出量を減少させる必要がある」と指摘する。３年後に選択を誤れば、未来の世界は大きくかわりかねない。

ウクライナ侵攻直後の３月、気候変動の専門家に衝撃が走った。南極東部で記録的な高温と降雨を記録し、東京23区２個分の巨大な「コンガー棚氷」が崩落したからだ。南極には降り積もった雪が重なってできる氷床があり、これが海に張り出したものが棚氷だ。氷床が海に流れるのを抑える効果があるため、大きな棚氷の崩壊が続けば世界の海面上昇が一段と進む。

気候変動の影響で干ばつなどの異常気象は既に広がっている。その結果、発電量の9割超が水力のノルウェーは水力発電用ダムの水位が一定以下になった場合、近隣諸国への電力輸出を制限する方針を表明した。ロシア産ガスの調達が難しくなり、厳しさを増す欧州の電力事情に追い打ちをかける。

気候変動と電力危機は相互に作用し、問題をさらに深刻化させる。2つの危機を乗り越える知恵が試される局面に入った。

2 「移行」戦略に集まるマネー

──現実路線に歩み寄り

（2022年8月31日）

カナダの運用会社ブルックフィールドが2022年6月に設定した150億ドル（約2兆円）の巨大ファンド。「世界トランジション（移行）ファンド」との名称で、年金基金など100以上の投資家から資金を集めた。

重工業にも投資

「移行」とはすぐに温暖化ガスの排出を実質ゼロにするのが難しい分野の脱炭素化などを指す。再生可能エネルギーだけでなく、鉄鋼やセメントなど排出量の多い産業の脱炭素化、石炭火力発電からガス火力への転換にも資金を投じる。

「このファンドは地球を持続可能な『ネットゼロ（排出実質ゼロ）』の軌道に乗せるために必要な大規模な資本を提供する」。ファンドの共同代表を務める英イングランド銀行前総裁のマーク・カーニー氏はこう強調する。

中銀総裁のときから金融業界の目が気候変動問題に向くよう積極的に働きかけてきたことで知られ、「50の色合いの緑」という考え方を提唱してきた。環境に貢献する事業を定める欧州連合（ＥＵ）の分類法は、企業を排出ゼロの「緑」と排出する「茶」の２つに分ける考え方が基本にある。それでは緑のみに資金が向かい、世界全体の脱炭素化の実現は難しい。

排出量の多い茶色の企業でも「薄い茶」「薄い緑」「緑」へと段階を経て転換できるよう資金面で支援する必要があると訴えてきた。移行ファンドはその実現の手段となる。

洋上風力発電所の建設への融資など、再生エネの普及を強力に後押ししてきたマネーだが、その流れは変わりつつある。ウクライナ危機をきっかけにした現実路線へのシフトだ。

世界最大の運用会社、米ブラックロック。投資先の企業の株主総会で出された環境・社会関連の株主提案に２０２１年ほど賛成しなかった。賛成は米国で24％と、前年の43％から大きく下がった。化石燃料の探査や開発の中止など、企業の業績をあまり考えずに早期の脱炭素化を求める内容には賛成できないとの立場をとった。

イングランド銀行前総裁のマーク・カーニー氏は「移行ファンド」の共同代表を務める＝ロイター／アフロ

ラリー・フィンク最高経営責任者（ＣＥＯ）は「エネルギー転換は一夜、あるいは一直線に実現するものではない」と指摘する。一足飛びに全てが「緑」にはならず、「茶」の移行の必要性を示唆する。

「緑」への投資をけん引してきたＥＳＧ（環境・社会・企業統治）投資も変質している。世界のＥＳＧファンドへの純資金流入額は４～６月に３２５億ドルと1年前の2割にとどまった。米国では資金が流出する状況になっている。

代表的な世界株指数は22年8月26日までに全体が17％安となる中、石油メジャー大手などのエネルギー株は25％高だった。化石燃料を投資対象外にするファンドの成績はさえず、方針変更せざるを得ない投資家も出てきた。

排出減の規律を

現実路線が強まるなか、課題は中長期の脱炭素方針を緩めずにいられるかだ。ガスの55％をロシアからの供給に頼っていたドイツは供給減に備え、急ピッチで石炭火力発電の稼働を増やす。２０２２年１～3月は発電全体に占める石炭火力の比率が31・5％と前年同期から2・5ポイント増えた。

目先の排出量の増加は避けられないが、石炭火力を30年までに段階的に廃止する目標は堅持する。発電時に温暖化ガスの出ない原発の停止予定時期の先延ばしを模索する動きもある。
世界全体の脱炭素化を進めるため移行分野への資金提供は欠かせない。だが「いつまでも『移行』ではおかしい。明確な期限を設けるべきだ」とBNPパリバ証券の中空麻奈氏は話す。目先の排出増をその後の排出削減といかにセットにして考えるか。政府や企業、投資家の規律が将来の脱炭素への道筋を左右する。

3 原発活用、問われる覚悟
――「現実解」にかじ切る欧州

（2022年9月2日）

「安全でクリーンかつ、安価な新世代の原子炉を採用する」。英国のジョンソン首相は2022年4月、こう宣言した。英国では20年以上、原子力発電所の新増設がなかったが、2030年までに最大8基を建設し、原発の活用にかじを切る。50年時点の電力需要に占める原発の割合は足元の16％程度から25％に上がる。

独も見直し検討

フランスも動く。ボルヌ首相は2022年7月、仏電力公社（EDF）を100％国有化すると発表。「気候変動対策で大胆な決断をしなければいけない」。50年までに原子炉を新たに6基造る目標の達成へ、国の管理下で資金支援に万全を期す。

ウクライナ侵攻が、欧州に根付きつつあった原発への慎重論を緩ませた。欧州議会は7月、一定の条件のもと、原発と天然ガスを環境面で持続可能な事業と認めた。エネルギーが足りないという目の前の危機が欧州を「現実解」に揺り戻す。

危機をてこに脱炭素と経済成長を両立した先例はある。北欧スウェーデンだ。

独ポツダム気候影響研究所によると、同国の二酸化炭素（CO_2）排出量は1970年をピークに2019年には半分以下に減った。この間、1人当たり国内総生産（GDP）は11倍に伸びた。1人当たりCO_2排出量とGDPは1960～70年代前半はどちらも増えたが、80年代に入るとGDPはプラス、CO_2はマイナスと逆に動き出した。

相関を崩したのは原発だ。第1次石油危機を契機に原発活用にかじを切り、2020年時点で発電量の3割を担う。再生可能エネルギーも使い、ほぼ全ての電力を脱炭素に置き換えた。

原発は事故のリスクや核廃棄物の問題がある。20年時点で発電量の約35％を原発で賄う隣国フィンランドのマリン首相は「原子力は短期あるいは中期の対応策だ」と指摘する。再生エネや水素が普及するまでの「つなぎ」と位置づける。

国際エネルギー機関（ＩＥＡ）は各国が掲げる公約が全て達成されても30年のCO_2排出量は20年比１・５％減にとどまると予測する。温暖化ガスはなかなか減らず、孫世代への負担の先送りは限界に近い。

「再生エネや原子力はＧＸ（グリーントランスフォーメーション）を進める上で不可欠な脱炭素エネルギーだ」。岸田文雄首相は２０２２年８月24日、原発の活用を拡大していく方策の検討を関係省庁に指示した。

２０２２年3月の福島県沖の地震で火力発電所が止まって電力供給の綱渡りが続き、ロシア産の液化天然ガス（ＬＮＧ）の途絶も現実味を帯びる。かつてないエネルギー危機を前にし、空転を続けてきた原発活用の議論がようやく動き出した。

新増設にも一歩

国内の原発は33基。再稼働した実績があるのは10基だけだ。政府は原子力規制委員会の安全審査を通過した7基を追加で動かす方針を打ち出す。首相は次世代原子炉の建設検討も指示し議論すら避けてきた新増設にも一歩を踏み出した。

原発の稼働は東京電力福島第1原発の事故後、原則40年、最長60年と原子炉等規制法で一度、定められた。その場合、建設中を含む全36

欧州は原子力発電所の活用にじわり舵を切る（仏電力公社EDFの原発）＝ロイター／アフロ

基を60年間運転したとしても２０４０年以降は稼働可能な原発が急減する。首相は安全確保を前提としつつ「運転期間の延長など既設原発の最大限活用」を進める方針も示した。

原発事故のあった日本では、原発の中長期の活用には国民の理解も必要となる。ただ、世界では電力確保と脱炭素の両立に向け、再生可能エネルギーの導入を前倒ししつつ、その発電量のブレの補完役として原発を拡大する動きが相次ぐ。日本も早急に方向性を出さなければ先には進めない。

4

気候変動、世界秩序揺らす
――資源の主役、石油からガスへ

（２０２２年９月３日）

ロシア国営ガスプロムが２０２２年８月、ハンガリーへのガス供給を増やした。シーヤールトー外相が７月にモスクワを訪れ、ロシアのラブロフ外相に供給拡大を求めていた。ハンガリーは欧州連合（ＥＵ）加盟国だが、ロシア寄りの姿勢が目立つ。

逆にロシアはドイツには主要なガス管「ノルドストリーム１」による供給を大幅に絞った。ウクライナへの軍事支援をけん制する狙いとみられる。

ウクライナに侵攻したロシアの戦費を断つにはロシア産石油やガスの禁輸が効く。ＥＵのミシェル大統領は2022年4月に「石油やガスも遅かれ早かれ対策が必要」と語った。石油輸入は年内の9割削減を決めたが、ガスは合意の機運がしぼむ。欧州の経済団体ビジネスヨーロッパのベイヤー事務総長は「早期のガス禁輸は現実的ではない」と話す。

侵攻は化石燃料高騰を招いただけでない。石油からガスへの「主役交代」の可能性も浮かび上がらせた。

ドイツに対し、ロシアは「ノルドストリーム1」によるガス供給を大幅に絞った＝ロイター／アフロ

価格差は2倍に

原油とガスの指標価格を侵攻前と比べると、北海ブレント原油先物は一時、3割高まで上昇したが、足元は侵攻前と同水準で落ち着く。一方、欧州のガス指標価格「オランダＴＴＦ」はいまも侵攻前の約3倍の水準で高止まりする。国際市場の小さなガスはわずかな需給変化で価格が乱高下するが、それだけではない。

英調査会社ウッドマッケンジーは2021年春の報告書で、世界が脱炭素に向かえば40～50年の価格（同一熱量で比較）はアジアでガスが原油の2倍を超すとした。10～20年はガスが原油より2割安かった。10～20年にガスが原油の4分の1だった米国も40～50年はガスが原油より高くなる。

需要が劇的に変わるからだ。電気自動車の普及でガソリン消費が落ち、石油の需要は50年に現在より7割減る。一方、ガスは発電燃料として石炭から転換が進むほか、燃やしても温暖化ガスを排出しない水素の原料になり、50年の需要は現在とほぼ同じという。

ガスシフトには石油大国サウジアラビアも敏感だ。国営石油会社サウジアラムコは2022年3月、原油だけでなく天然ガスの生産能力も高める計画を発表した。30年までに現在より5割以上増やす可能性がある。

中東不安定化も

資源地図が塗り替われば世界秩序が揺らぐ。中東でもサウジアラビアなど産油国よりカタールなど産ガス国の発言権が増す可能性がある。産油国の国力が衰えれば、各国がひそかに支援してきた武装組織の統制が効きづらくなり、中東の不安定化を招く恐れもある。

脱炭素が揺さぶるのは産油国だけではない。ウクライナ侵攻前から気候変動対策に端を発した物価上昇「グリーンフレーション」が指摘されたが、侵攻がインフレに拍車をかけた。中東やアフリカでは小麦など食料不足が深刻になる。

国連世界食糧計画（WFP）のフライシャー地域局長は22年8月、ロイター通信に「飢餓に苦しむ人は19年の1億3500万人から3億4500万人に増えた。新型コロナウイルス、気候変動、ウクライナ戦争の複合効果が心配だ」と語った。

2022年11月に第27回国連気候変動枠組み条約締約国会議（COP27）を開催するエジプト。侵攻前はロシアとウクライナに輸入小麦の9割を依存しており、国内で食料高騰に直面する。インフレと気候変動という、戦時下で深まる「2つの危機」を議論するのに適した場所ともいえる。

気候変動対策が生むひずみを解きほぐし、世界の安定を保ちつつ脱炭素社会へと軟着陸できるか。COP27を脱炭素と秩序安定の両立を探る場にする取り組みが求められる。

インタビュー

脱炭素「移行」に工程表を

BNPパリバ・グローバルマーケット統括本部副会長　中空麻奈氏

（2022年9月6日）

ロシアによるウクライナ侵攻でエネルギー危機が深刻化し、温暖化ガスの排出実質ゼロの望ましい世界に一足飛びには行けないことが明らかになった。十分なエネルギーを確保できなければ、人々の生活や人命にも関わりかねない。排出が多いからといって石炭をなくしてしまって本当によいのかという議論が起きている。

再生可能エネルギーにも課題がある。太陽光発電では太陽光パネルで中国に依存するリスクがある。風力発電は風が吹かなければ発電量が確保できない。実際、英国は風力発電の出力不足がきっかけでエネルギー価格の高騰が生じた。危機が続くとみられる中、エネルギー政策の見直しが必要だ。

ウクライナ危機は投資家の目が、排出量の多い分野の脱炭素化などを進める「トランジション（移行）」に向くきっかけにもなった。再生エネのように温暖化ガスを排出しない「グリーン（緑）」な分野だけでなく、移行分野にも資金を出していかないといけないとの認識が広がった。

中空麻奈
(なかぞら・まな)**氏**
1991年慶大経卒、野村総合研究所入所。野村アセットマネジメントなどを経て、2008年にBNPパリバ証券入社。20年から現職。チーフESGストラテジストも兼務。

世界の大手投資家の中には、移行分野への資金提供は自社のＥＳＧ（環境・社会・企業統治）の基準に合わないとして、投資に消極的な人たちもいる。２年前に調べたところ２割程度の投資家が、移行分野への投資が脱炭素に貢献するか懐疑的だった。債券市場では調達した資金を環境事業に充てるグリーンボンドの発行額が、移行債よりもはるかに多い。

移行分野により多くの資金を回すには脱炭素に向けた工程表が必要だ。鉄鋼やセメントなど移行が必要な業種では、たとえば、今後10年のうちにここまでやって、排出量をこのくらい減らすといった明確な道筋を示す必要がある。工程表は科学的な裏付けをもって厳格に作成し、定期的に見直すべきだろう。

仮に見せかけだけで排出削減につながらない事業を対象にした資金調達の例が出てしまうと、すべてが疑われかねない。ごまかしでないと示す認証のようなものも必要だろう。

日本政府には移行分野での先導役になることを期待する。政府が発行を計画する新たな国債「ＧＸ（グリーントランスフォーメーション）経済移行債（仮称）」には注目している。名称に「移行」と入っているだけに移行分野の資金調達のモデルケースにしてほしい。工程表を示すのに加えて、調達した資金を事業に投じた結果、排出量がどのくらい減ったかなども開示すべきだ。

世界では移行分野のルール整備も始まっている。環境面で持続可能な事業を定めた「タクソノミー」を策定した欧州連合（ＥＵ）では、この分類を拡張する形で移行分野も定義し、資金を呼び込もうとしている。日本と同様に石炭火力に依存するアジアでもトランジションのニーズは強いだろう。移行分野で先行する日本は自国の取り組みを世界に打ち出し、特にアジアをけん引してほしい。（聞き手は松本裕子）

インタビュー

再生エネ・断熱化へ投資を

気候科学者　フリーデリケ・オットー氏

（2022年9月7日）

人類は気候変動とエネルギー供給の不安定化という2つの危機に直面している。短期的に効果が期待できるのは再生可能エネルギーの導入と住宅の断熱への投資だ。

再生エネは既に最も安いエネルギーになっている。危機を乗り越えるためにはさらに早く投資する必要がある。再生エネの供給は脱炭素と化石燃料の供給不安解消の両方に役立つ。

太陽光や風力といった天候に左右される再生エネは化石燃料と同じようにはいかないが、解決する技術はある。水力発電は蓄電池のように使える。電力系統への投資も必要だ。ノルウェーなどが参考になる。

建物の断熱化も大きな効果がある。空調に伴うエネルギー需要を減らすだけでなく、気候変動によって頻度が増える熱波の被害を減らせる。

英国やフランス、日本では原子力発電に活路を見いだす動きがある。温暖化ガスを出さないので気候変動対策には有効だが、欠点も多い。需給の変動に合わせた出力の調整がしにくい。建設期間

フリーデリケ・オットー
(Friederike Otto)**氏**
2011年独ベルリン自由大学大学院修了、21年から英インペリアル・カレッジ・ロンドン上級講師。国連の気候変動に関する政府間パネル（IPCC）6次評価報告書の執筆者＝Eyevine/アフロ

が長く、足元のエネルギー供給不安には貢献せず、発電コストも高い。

自然エネルギーに投資する間、既存の原発を稼働させることは必要だろう。ただ、将来の世界のエネルギー需要を原子力でまかなうことはできない。核廃棄物の問題は何ら解決されておらず、持続可能ではない。

気候変動に対して科学が貢献できることは多い。

現時点では包括的ではないが、科学の発展によって徐々に理解が進んでいる。個別の洪水や熱波について、気候変動で被害がどれほど拡大したか、経済的な側面や人命、生活への影響もわかってきた。

気候変動による被害の要因分析や地域ごとの脆弱さも分析できる。例えば熱波だけに比べ、さらに干ばつが組み合わさるとどれほど被害が大きくなったのかも推定が可能だ。科学的に被害を軽減する方策に優先順位を決められるようになりつつある。

かつては異常気象による被害が起こった際、科学的根拠がなく政治的な意見で対処方針を決めていた。我々が運営する世界の異常気象を調べる国際組織「ワールド・ウェザー・アトリビューション（WWA）」は、気候変動に伴う被害の要因を分析する技術を駆使し、被害が生じた直後に政策決定に役立つ科学的な根拠を提供している。

ロシアのウクライナ侵攻後、世界の気候変動対策の優先順位は明らかに下がった。政策立案者は産業革命前からの気温上昇を1・5度以下に抑える気候目標を忘れたかのように、石炭火力を再開させている。化石燃料に依存し続けることに大きなリスクがあることを認識すべきだ。

ロシアの問題だけでなく、飢餓の撲滅、インフレ危機といった世界が直面する多くの課題について、気候変動への取り組みなくして解決できないだろう。それぞれの問題は個別に見えても、背景にある根本の原因は非常に近い。同時解決をめざす必要がある。（聞き手は岩井淳哉）

インタビュー

途上国の水不足に支援を

東京大学大学院教授　沖大幹氏

（2022年9月10日）


人口増加などの社会変化に気候変動が重なり、今後、途上国を中心に水不足の問題が深刻化する。国際社会が協力して資金を出し、水を巡る紛争などのリスクを下げるべきだ。世界秩序が安定化すれば、途上国だけでなく支援する側の先進国にも恩恵が及ぶ。

気候変動は世界が一丸となって闘う共通の敵だ。「2050年に温暖化ガスの排出を実質ゼロにするのは不可能」という意見を目にするが、それならばなおさら温暖化ガス排出を減らす取り組みを強め、少しでも目標達成が遅れないように努力すべきだ。

水を巡る争いは昔から絶えない。日本でも下流、特に東京の治水のために栃木や群馬の環境を壊し、集落を移転させてダムを建造した歴史があり、地域間で感情的なしこりが残った。河川が国境をまたいで流れる海外では、なおさら国際問題に発展しやすい。

アフリカではナイル川上流に位置するエチオピアが大規模な発電用ダムを建造し、2022年2月から運用を始めた。下流のエジプトが反発して両国関係がギクシャクしている。一方、水力発電は脱炭素電源としても重要だ。11月にエジプトで開く第27回国連気候変動枠組み条約締約国会議（COP27）でも水資源と脱炭素電源を巡る議論がありうる（実際に、「水の安全保障」が論点のひとつとなった）。

第3次中東戦争はヨルダン川の水を巡る争いだったという見方がある。巨額の戦費を費やすくらいなら、高価でも海水淡水化施設をつくるほうが経済合理的だが、ロシアによるウクライナ侵攻のように、世界では時として合理的でないことが起こる。不安定の芽を取り除く努力が必要だ。

水資源のなかでも氷河はとても重要だ。しばらく雨が降らなくても上流の氷河が徐々に解けて地下水になり、下流の川の水量が安定する。年間を通じて安定した水があれば農業や飲料水などに活用できる。

地球温暖化で氷河が急速に解けると近くに氷河湖が形成される。氷河湖の面積が拡大しているのは確実だ。氷河湖は人が設計したものではなく壊れやすい。いつ洪水が起こるかわからない危険な場所が多数ある。氷河湖が決壊して起きる洪水は07年ごろから問題視されている。

国連の気候変動に関する政府間パネル（IPCC）は、氷河が解けた水を利用する15億人が今世紀半ばまでに水不足を経験すると予想する。世界銀行は気候変動による水不足などで2億人が今世紀半ばまでに国内移住を迫られると推計する。水資源が枯渇し、移民が増える可能性もある。15年に移民危機で社会の不安定化を経験した欧州は、気候変動に伴う移民の増加を警戒している。

沖大幹
（おき・たいかん）**氏**
1989年東大大学院修了、93年博士号取得。同大生産技術研究所助教授、文部科学省大学共同利用機関・総合地球環境学研究所助教授などを経て、2020年現職。専門は水文学。気象予報士。

国際社会を安定化させるには先進国による資金支援が必要だ。09年のCOP15で先進国が途上国に約束した「20年までに年1000億ドル（約14兆円）の資金支援」は果たされなかった。ただ、達成できなければ支援したことすべてが無駄になるわけではない。今後も支援額を引き上げる努力を続けることが重要だ。（聞き手は岩井淳哉）

第8章

第４の革命
カーボンゼロ

THE 4TH
REVOLUTION
CARBON ZERO

試練の先に

ロシアのウクライナ侵攻に端を発するエネルギー危機は、
化石燃料の輸入に頼る国々を右往左往させ、
自らのエネルギー構造を見直すきっかけになった。
試練の先に自国内で発電できる再生可能エネルギーへのシフトが加速。
だが、送電インフラの不足で発電をとりやめる「出力制御」も頻繁に起きている。
せっかく生み出した電力を無駄にしない投資戦略が求められる。

1

再エネ、危機下で急浸透
——2022年上期、CO_2、2億トン排出回避　「自国産」安保に貢献
（2022年11月28日）

ロシアのウクライナ侵攻で世界のエネルギー環境が大きく変わった2022年。エネルギー安全保障の重要性が再認識される一方で、異常気象が相次ぎ、気候変動対策を急ぐ必要も高まっている。世界は試練の先を見据え、エネルギーの安定供給と脱炭素の両輪を加速させている。

ウクライナ侵攻以降、光熱費が2倍になり、閉店が迫られるパブが相次ぐ英国。電気代高騰の負担を抑えようと自宅の屋根に太陽光パネルを設置する家庭が急増している。業界団体のソーラーエナジーUKによると住宅の屋根に取り付けられた容量は1～6月だけで16万4000キロワット。既に2021年1年間分を超えた。

国際エネルギー機関（IEA）は2022年10月、22年の世界の二酸化炭素（CO_2）排出量が前年比で1％弱の増加になる見通しだと公表した。まだ増えているが、4％増えた21年に比べれば鈍化した。

再生可能エネルギーの普及の加速が一因だ。IEAは2022年10月、22年の再生エネ発電容量の伸び率の予測を5月時点の前年比8％から20％に引き上げた。現状の政策を進めるだけでも、世界全体の発電量は30年に21年のざっと2倍になる。米中は2倍前後、インドは3倍近くになるという。

再生可能エネルギーが急ピッチで普及する（エジプトの風力発電）＝AP／アフロ

「輸入頼み」転機

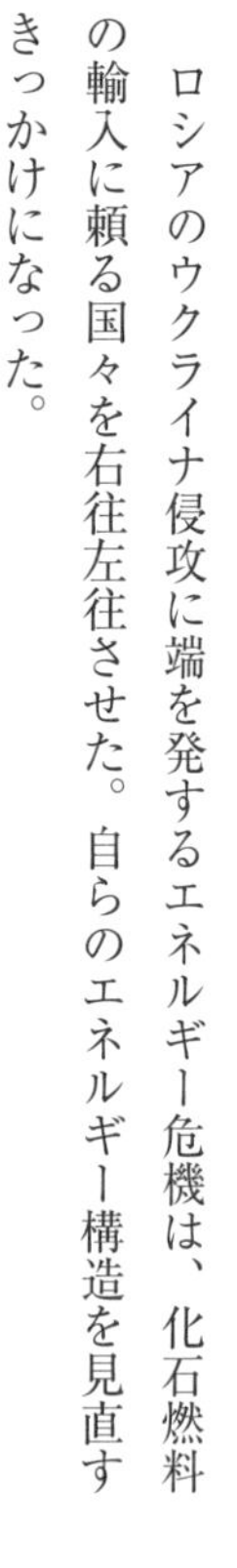

ロシアのウクライナ侵攻に端を発するエネルギー危機は、化石燃料の輸入に頼る国々を右往左往させた。自らのエネルギー構造を見直すきっかけになった。

「気候変動ではなく、エネ安保が各国をクリーンエネルギーにシフトさせている」。ＩＥＡのビロル事務局長はこう分析する。再生エネは自国領内に吹く風や、降り注ぐ太陽で電気をつくることができ、自国産エネルギーになる。

欧州連合（ＥＵ）の環境政策担当のシンケビチュウス欧州委員も日本経済新聞の取材に再生エネへの移行は「安全保障への戦略的投資にもなっている」と話す。

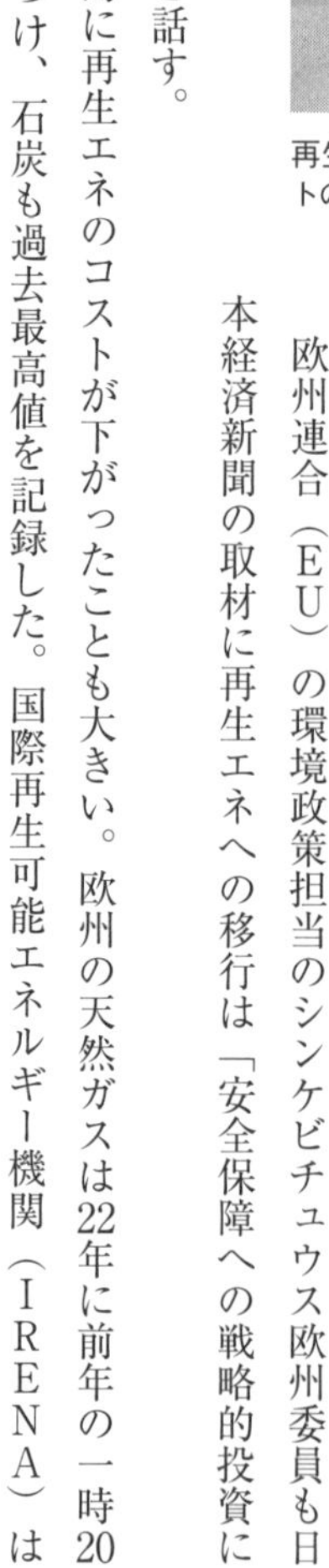

資源高で相対的に再生エネのコストが下がったことも大きい。欧州の天然ガスは22年に前年の一時20倍以上の価格をつけ、石炭も過去最高値を記録した。国際再生可能エネルギー機関（ＩＲＥＮＡ）は「化石燃料の競争力が大幅に低下し、太陽光や風力が魅力的になった」と指摘する。

シンクタンクのエンバーによると22年1～6月の風力と太陽光の伸びにより、世界では2億3000万トンのCO_2の排出が回避されたという。中国では前年から増えた電力需要分の92％を風力と太陽光で賄い、米国でもその割合は81％だった。

送配電が課題に

再生エネ普及にも課題はある。「許認可は迅速な普及を阻むボトルネックの一つだ」。ＥＵの欧州委員会はこう指摘する。第27回国連気候変動枠組み条約締約国会議（ＣＯＰ27）の期間中、再生エネ事業を承認する手続きを一時的に簡素にするよう加盟国に提案した。

インフラも脆弱だ。ベトナムでは再生エネの急拡大により送電線が足りず、再生エネなどの発電をとりやめる「出力制御」が起きている。国営の給電指令所は22年1月、新しい太陽光と風力を追加することができないとの見通しを示した。

ＩＥＡは21年、世界の温暖化排出量を50年時点で実質ゼロにするためには、送配電網への年間投資を30年時点で８２００億ドル（１１４兆円）に引き上げることが欠かせないとの見解を示した。今の３倍以上の水準だ。

英ＢＰによると21年の再生エネ発電量は１９８５年の約４倍に増え、世界全体の28％を占める。ただ石炭火力は36％、ガス火力は23％と、なお化石燃料は多い。再生エネは天候に発電量が左右され、当面はガス火力での需給調整が欠かせない。発電時にCO_2を排出しない原発を活用する動きも広がる。

日本は21年度の再生エネ比率が前年度から０・５ポイント増え、ようやく20％台に乗せた。火力発電が７割を超える。東日本大震災の教訓も生かせず東西で融通できる電力量は限定的だ。政府はガソリンや電気代の負担緩和に予算を投じるが、送電網の整備などに力点を置くべきだとの指摘もある。

世界が安保やコストの観点から再生エネにかじを切る中、ただでさえ出遅れていた日本は引き離されかねない。COP27ではパリ協定の「1・5度目標」を追求していくことを再確認した。再生エネを拡大しつつ、あらゆる手段を総動員する必要がある。

2

製造業、低炭素鋼に触手
――移行の現実解「薄茶色」

（2022年11月29日）

「できるだけ早く供給してほしい」。2022年夏、日本の自動車大手の調達担当者がスウェーデンの鉄鋼メーカーSSABに水面下で接触した。狙いは同社がいち早く実用化した低炭素鋼材。鉄鉱石から鉄を取り出す際、一般的な石炭ではなく水素を使い、二酸化炭素（CO_2）排出量を限りなくゼロに近づけた。

欧州勢が採用

石炭を使う高炉で1トンの鉄をつくるためには約2トンのCO_2が出る。排出量削減への圧力が強まり、調達網の見直しを迫られる製造業がこぞってSSABの低炭素鋼に触手を伸ばす。マーティン・リンドクヴィスト社長は「当社の鋼材に強い関心が寄せられている」。スウェーデンのボルボ・カーや独メルセデス・ベンツが採用を決めた。

第27回国連気候変動枠組み条約締約国会議（ＣＯＰ27）に合わせ、脱炭素を目指す国際的な企業連合ファースト・ムーバーズ・コアリション（ＦＭＣ）は１２０億ドル（約1兆7千億円）の投資を打ち出した。発足メンバーのＳＳＡＢも今は年６千トン規模の低炭素鋼の供給量を２０２６年には１３０万トンに増やす。それでも全世界の鉄鋼需要の０・１％も満たせない。

低炭素鋼材をつくる水素製鉄は製造過程でCO_2を出さない「グリーン水素」を大量に確保できることが前提だ。水を分解する電力の９割超を脱炭素電源でまかなえるスウェーデンのモデルは、たとえ技術があっても他の国では実現が難しい。

日本が探る現実解は、一足飛びにグリーンを目指さず段階的に「移行」していく戦略だ。ＪＦＥホールディングスは27年にも岡山県の高炉1基を電炉に転換する方針だ。電気で鉄スクラップを溶かす電炉のCO_2排出量は高炉の約4分の1とされる。一気に緑にはならなくても、今の茶色がかなり薄い茶色になる。

「トランジション（移行）期の活動が重要になる」（ＪＦＥスチールの北野嘉久社長）。電炉の活用などで削減した排出枠を使い、ＪＦＥはCO_2実質ゼロの「グリーン鋼材」の供給を始める。

ロシアのウクライナ侵攻でエネルギー危機に直面し、早急な脱炭素を求めてきた世界の機関投資家も現実的な移行へと投資対象を広げる。

ＬＮＧを再評価

東京電力ホールディングスと中部電力が出資するＪＥＲＡは２０２２年5月、２００億円の移行債を発行した。石炭火力でアンモニアも燃料に使ってCO_2を削減する技術の開発や、高効率の液化天然ガス（ＬＮＧ）火力への転換に資金をあてる。

２０２１年まで石炭火力を持つＪＥＲＡには融資しにくいとの声も一部の金融機関から出ていた。酒入和男副社長は「ウクライナ危機以降、『移行』にＬＮＧが重要だと感覚が変わってきた」と話す。

エネルギー危機により電力の安定供給を脅かされる世界では、薄茶色のテクノロジーを生かすルール作りも重要になる。代表例が自動車産業だ。

「自動車のCO_2排出量をゼロにするという強いメッセージだ」。欧州連合（ＥＵ）の欧州委員会で環境政策を統括するフランス・ティメルマンス上級副委員長は10月に出した声明で訴えた。ＥＵは35年、ハイブリッド車（ＨＶ）やプラグインハイブリッド車（ＰＨＶ）も含む内燃機関車の販売を事実上禁止する（その後、合成燃料を使った内燃機関車など一部容認）。米カリフォルニア州やニューヨーク州もＨＶやＰＨＶへの規制強化に動く。

欧州委員会の調査によると30年時点でＰＨＶはエンジン車と比べCO_2を6割削減する効果がある。7割の電気自動車（ＥＶ）には劣るが、脱炭素電源が整わない段階では有望な技術だ。

欧米が進めるルール変更にはＥＶ転換を急ぎ、地場メーカー優位の構図を築こうとの意図も透ける。日本は移行期のルール作りで主導権を握るための構想力が問われる。

3

削減停滞、先進国も痛み——進まぬ途上国支援

（2022年12月1日）

「人類を（温暖化という）危険にさらしているのは富裕国とはっきり言うべきだ」（中央アフリカのトゥアデラ大統領）

「地球の破壊にほとんど関与していないのに、我々は最も苦しんでいる」（セーシェルのラムカラワン大統領）

6年ぶりのアフリカ開催となった第27回国連気候変動枠組み条約締約国会議（ＣＯＰ27）。途上国首脳は次々と先進国にいらだちをぶつけた。

２０２０年までに気候変動対策で年１０００億ドル（約14兆円）を途上国に拠出するとの公約が未達なことが一因だ。経済協力開発機構（ＯＥＣＤ）によると、実際の拠出額は20年に８３３億ドル。今回の会合で英国やドイツが表明した支援を足してもなお届かない。

ＣＯＰ27は気象災害で「損失と被害」を受けた途上国を支援する基金の創設を決めた。支援対象国の選定や各国の拠出額など詳細はこれからで、資金が実際に途上国に渡るかはまだみえない。

異常気象によるパキスタンの洪水で1700人以上が死亡した（2022年9月、セフワン）＝ロイター／アフロ

中印に拠出要求

　現状では各国が約束した温暖化ガスの排出削減目標を実現しても、気温上昇を産業革命前から１・５度以内に抑える「パリ協定」の目標に届かない。先進国の多くは既に50年までに排出を実質的になくす「カーボンゼロ」を表明済み。脱炭素には途上国の協力が欠かせない中、大半の途上国は財政難により気候対策は後回しになりがちだ。

　ＣＯＰ27では中国とインドも途上国を支援すべきだとの声も広がった。アンティグア・バーブーダのブラウン首相は２０２２年11月８日、ロイター通信に「中国とインドが主な汚染者だと皆が知っている。汚染者は支払わなければならない」と述べた。

　中国とインドは途上国のまとめ役として支援義務から外れてきた。気候災害が頻発するなか、中印の特別扱いを疑問視する途上国が増えた。

「生計が立たないまま数百万人が冬を迎える」。２０２２年夏の大雨と洪水で国土の３分の１が水没し、１７００人以上が死亡したパキスタン。シャリフ首相は２０２２年11月７日、エジプトで国連のグテレス事務総長らに支援を訴えた。国連は復興に８億１６００万ドルが必要と推計した。

　気候災害で途上国が受けた損害は先進国にも跳ね返る。海面上昇やハリケーン、熱波、山火事は地球規模。異常気象で住み家を追われる「気候難民」も忍び寄る危機だ。

2050年には避難民2億人も

スイスが拠点の国内避難民監視センター（IDMC）によると、21年に気候が原因の災害で避難を余儀なくされたのは世界で2230万人と、紛争や暴力による避難民（1440万人）より多かった。50年までに2億1600万人に膨らむと世界銀行は予測する。

「気候難民が何億人にも膨らみ、世界中で国境や治安を圧迫するのを（途上国支援により）食い止める。その価値がどれほど大きいかをあなた方に問いたい」。大西洋の島国バハマのデービス首相はCOP27に集った首脳に呼び掛けた。

欧州にはアフリカ発の気候難民が押し寄せるリスクがある。欧州議会調査局は2022年3月「サービスやインフラが逼迫する」と警告した。実際、15年に中東から流入した難民の波は欧州で拒絶反応を生み、ポピュリズム政治や右傾化の温床になった。

国際通貨基金（IMF）は10月、再生可能エネルギーへの急速な移行は世界の経済成長率を30年にかけて年0・15～0・25ポイント押し下げるとしつつ、「移行が遅れればコストははるかに大きくなる」と警告した。

ドイツの非政府組織（NGO）ジャーマンウオッチによると、気候災害が大きな国のランキングで日本は18年に1位、19年に4位。2年連続で上位10カ国に入った先進国は日本だけだ。気候災害は人ごとではなく、我々に覚悟と行動を迫る。

インタビュー

化石燃料依存から決別

独ポツダム気候影響研究所長　ヨハン・ロックストローム氏

（2022年12月20日）

２０２１年の第26回国連気候変動枠組み条約締約国会議（ＣＯＰ26）で採択された「グラスゴー気候合意」には多くの決意が盛り込まれた。しかし、その後の進展はなく、各国の温暖化ガス削減目標も引き上げられていない。結果として我々は2つのリスクに直面している。

一つは気候変動の影響そのものによるリスクだ。（洪水や干ばつなどの）損失・被害は拡大し、より多くの人が苦しんでいる。もう一つは政府の気候対策に対する人々の信頼が損なわれるリスクだ。若者の抗議行動などが活発化しているのは、約束事の実行が次々に先延ばしされるのに業を煮やした結果だろう。

気候変動は制御不能な領域に入りつつあることが、科学的根拠とともに明らかになってきた。温暖化の影響で起きる熱波、豪雨、病気の広がりなどは適応できる限界を超え、人々に移住を迫るところまできた。

気温上昇やその影響が、元に戻らない「ティッピングポイント（転換点）」に急速に近づいていると考えてほぼ間違いない。温暖化防止の国際枠組み「パリ協定」は産業革命以降の地球の気温上昇を1・5度以下に抑える目標を掲げるが、これは転換点に達しないぎりぎりの水準だ。

事は急を要する。にもかかわらず、中国や米国、インド、日本などが石油、石炭、天然ガスの利用を拡大しており、歯がゆい思いだ。ロシアがウクライナで戦争を起こした影響は承知している

ヨハン・ロックストローム(Johan Rockström)氏

「地球の限界」の概念を提唱し、ストックホルム大にレジリエンスセンターを設立した。持続可能性の科学をけん引し、米欧の気候政策にも影響力をもつ。

が、問題の根本は別のところにある。再生可能エネルギーへの投資を、過去30年間怠ってきたツケが回ってきた。世界の化石燃料使用を減らす効果的な政策も実施されていない。

科学が示す気候への影響を無視して化石燃料を使い続けてきた。そこへロシアが天然ガスの供給を絞り込んだのでパニックが起き、ドイツまでもが石炭火力の廃止を遅らせる事態になった。しかし、これは一時的な現象にすぎない。長期的には天然ガスからの脱却が加速するだろう。

景気減速やインフレ率の上昇は、一義的には需要サイドの問題ではなく供給不足に起因することを理解すべきだ。金利を上げても解決にはならず、むしろ下げることによって洋上風力発電などへの投資を促す必要がある。

化石燃料は気候危機を起こして欧州の安定を損ね、安全保障を脅かして戦争犯罪の資金源ともなる。独裁者にエネルギーを依存すべきでないのは明らかだ。(ロシアからドイツに天然ガスを送る新パイプライン)「ノルドストリーム2」は金輪際、稼働しないだろう。

天然ガスは窒素肥料の原料なので、供給が減って価格が上がれば食料価格も高騰する。気候危機による農業生産への打撃も食料価格を押し上げる。さらに燃料費の高騰で輸送費も上がる。国連食糧農業機関(FAO)の最近の食料価格指数は「アラブの春」の時を上回った。太陽光、風力やバイオ燃料への転換が必要だ。

欧州連合(EU)は50年までに温暖化ガス排出を実質ゼロ

にする目標を堅持する。ウクライナ危機は長期的には化石燃料に依存する経済からの完全な決別をもたらすだろう。（聞き手は編集委員　安藤淳）

インタビュー

民間資金集める枠組みを

アジア開発銀行気候変動特使　ウォーレン・エバンズ氏

（2022年12月21日）

アジアをはじめ途上国の脱炭素を加速するには、官と民が資金面で協力することが絶対に必要となる。気候変動対策には多額の資金が求められるなか、官のお金だけでは規模が足りず、民間マネーが重要な役割を果たすからだ。

民間金融機関にとっては新興国や途上国への投資リスクが高いことが気候変動対策に資金を出す障壁となってきたが、政府による信用保証などがあればリスクを軽減できる。ブレンドファイナンス（混合金融）と呼ぶ手法だ。

アジア開発銀行（ＡＤＢ）は２０２２年11月、民間金融機関や日本や米国の政府も協力する「エネルギー移行メカニズム（ＥＴＭ）」の枠組みを使い、電力会社と覚書を交わした。２０２１年のＥＴＭ創設から初の案件となる。

石炭火力発電所を当初計画よりも15年ほど早く廃止し、太陽光発電所などに転換することを条件に、資金を２・５億～３億ドル（約３５０億～４２０億円）提供する取り組みだ。官だけでは、途上国支援のために拠出する１ドルは１ドル分にしかならない。政府保証などに使って民間マネーを呼び込めば、1ドルが4ドルにも5ドルにもなる。

フィリピンなど他のアジア諸国ともETMの活用を協議している。多くのアジアの国々では石炭火力発電への依存度が高いことから、国別の排出削減目標（NDC）の引き上げにも寄与できるだろう。

化石燃料を輸入に頼りエネルギー安全保障に不安のある国にとっては、火力発電から再生エネに転換する利点も大きい。今後、アジア以外の国々でもETMの仕組みが広がっていくことを期待している。

気候変動による「損失と被害」への対応も重要だ。排出量を減らす努力と同時に、これまでの温暖化により災害が頻発しているという現実に向き合わなければならない。アジアの都市の多くは沿岸部に立地しており、海面上昇や高潮などの災害にもろい。

2022年11月にエジプトで開かれた第27回気候変動枠組条約締約国会議（COP27）では、途上国の「損失と被害」に対応する基金を設置することが決まった。詳細は今後、政治的な議論で詰められるが、どの国にどれだけの資金を振り向けるかは大きな論点になる。

途上国支援では、実際に提供された資金が適切に気候変動対策に使われているかを綿密にチェックすることも必要になる。ADBは各国がどういったインフラを必要としているかの知見があり、プロジェクトの進捗を追跡できるノ

ウォーレン・エバンズ
(Warren Evans)**氏**
国連や世界銀行を経て2017年アジア開発銀行入行、22年9月から同行気候変動特使。世銀では途上国支援の「気候投資基金」創設を主導。蘭エラスムス大博士（気候変動政策）。

ウハウも持っている。この点での協力は惜しまない。

今や、全ての経済活動は気候変動を考慮しなければならない。ADBは2030年までに全事業の75%以上を気候変動対策の支援にあて、1000億ドルの資金を提供する方針を掲げる。アジア太平洋地域の「気候変動対策銀行」として、持続可能な経済成長の実現につなげていきたい。(聞き手はESGエディター　古賀雄大)

インタビュー

「社会貢献投資」に活路

米クライメートワークス財団理事長兼CEO　ヘレン・マウントフォード氏

(2022年12月22日)

アフリカ大陸のエジプトで開かれた第27回国連気候変動枠組み条約締約国会議(COP27)は、世界が途上国の声に耳を傾け「温暖化対策を実行に移すCOP」と呼ばれた。温暖化の影響で途上国などが被った損失と被害に対応するための基金設立で合意したのは大きな出来事だが、重要なのはそれだけではない。

途上国における緩和策、適応策、そしてレジリエンス(強じん性)を高める対策を、資金的な裏付けをもって具体的な計画にまとめあげていく場でもあった。

ファイナンス(資金調達)は対策の実行に欠かせない。公的資金を呼び水に民間投資を促すブレンドファイナンス(混合金融)が注目されている。世界銀行などの拠出を増やす必要がある。加えて迅速に拠出できて小回りがきくフィランソロピー(社会貢献活動)組織の資金を組み合わせた

「トリプル・ブレンドファイナンス」を広げたい。

　世界のフィランソロピー組織が様々な分野に資金を出しているが、これらをより効果的に活用すれば温暖化対策を加速できる。２０２２年にはフィランソロピー・アジア・アライアンスが発足した。教育、健康と並び、気候変動対策を重点分野と位置づけたのは特筆すべきことだ。

　例えば、温暖化で暑くなっている途上国で、省エネのためにエアコンを使わないようにすれば、人々は健康を損なう恐れがある。そこで我々は、消費電力が少なくコストも安いエアコンの普及をめざす「クリーン・クーリングへの共同作業」というフィランソロピー事業を進めている。

　最新調査では、世界のフィランソロピーによる投資額は21年に８１００億ドル（約１１０兆円）と20年比で８％伸びた。そのなかで気候変動対策を目的とするのは75億～１２５億ドルと推定され、前年比の伸び率は約25％となった。全体に占める割合は２％に満たず、まだまだ増加の余地がある。

　温暖化対策の国際枠組み「パリ協定」の目標を達成するには、各国は現状よりももっと野心的な温暖化ガスの削減目標を掲げなければならない。目標引き上げは難しいという声があるが、新たな事業展開や市場開拓の好機になるという利点にも注目すべきだ。

　投資対象として有望なのは再生可能エネルギーや蓄電池だ。ウクライナ危機の影響で確かに今冬、そして恐らく２０２３年の冬も石炭や天然ガスの利用が増えるかもしれない。一時的な現象であり、より長い時間軸では再生エネへの大規模なシフトが進む。いまから新たに化石燃料関連の設備投資をするのは割に合わない。

ヘレン・マウントフォード
(Helen Mountford)氏

英ユニバーシティー・カレッジ・ロンドン修士。経済協力開発機構(OECD)、世界資源研究所などを経て現職。気候・環境問題に25年以上かかわってきた。

石炭火力など化石燃料関連の事業は多額の補助金を受けてきた。生産者、消費者向けを合わせて、21年には世界全体で7000億ドル近くにのぼったとみられ、22年はさらに増えると予想される。省エネや再生エネの導入拡大に振り向けていれば、ウクライナ危機の影響はこれほど大きくはならなかっただろう。(聞き手は安藤淳)

インタビュー

燃料の選択肢増で備える

(2022年12月24日)

JERA副社長(現・会長グローバルCEO) 可児行夫氏

世界のエネルギー問題は二酸化炭素(CO_2)を減らす「サステナビリティー(持続可能性)」と、誰でもエネルギー代を支払える「アフォーダビリティー(手ごろな価格)」、エネルギーを安定供給する「スタビリティー(安定性)」の3つの要素がある。欧州はアフォーダビリティーを追求し、ロシアからの天然ガス調達を増やした結果、ウクライナ危機でスタビリティーが損なわれた。

この3要素のバランスをいかに取るかが島国のエネルギー会社にとって特に重要になる。まず我々が取り組むのが、ガス田から液化基地、輸送も含めた液化天然ガス(LNG)のバリューチェーン全体への投資だ。LNGは石炭よりCO_2排出量が少なく、段階的な脱炭素へのトランジション(移行)には不可欠なエネルギー源だ。調達源の分散により、安定調達やコスト削減につなげる。

JERAは次世代エネルギーとして注目される水素やアンモニアのバリューチェーン構築にも着手している。これから10年後、15年後の未来は誰にも分からない。脱炭素シナリオに幅があるなか、できることは移行期のエネルギーの選択肢を増やしておくことだ。

2020年にJERAは石炭にアンモニアを混ぜて燃やすことで石炭火力を使いながら脱炭素を達成すると宣言した。当初は世界から笑われたが、今では見方も変わってきた。実現に向け、2月からアンモニアの調達先を国際入札で募っている。石油メジャーや新興など既に50社を超える企業から提案を受けている。

日本へのアンモニア輸送では商船三井や日本郵船との連携を決めた。27年度までに大型輸送船を共同導入し、国内輸入量の半分に相当する最大50万トンを中東や米国から調達する計画だ。

脱炭素を世界規模で実現するには石炭に依存する新興国を巻き込んだ取り組みも欠かせない。JERAはフィリピンの電力大手アボイティス・パワーに21年に出資した。アボイティスは石炭火力の新設にも前向きだったが、我々の働きかけもあり、石炭火力をやめ、再生可能エネルギーとLNG火力を柱にする方針に転換した。JERAの先端技術も提案し、将来は水素やアンモニアも活用する。

新興国の企業が石炭火力を持っているからといって投資を引き揚げるべきではない。出資を続けて脱炭素への道筋を示す方が、世界が脱炭素を達成する確率は高くなるだろう。先進国の企業が撤退して自分の庭をきれいにしても、実際には世界から石炭はなくならない。ウクライナ危機を経て

可児行夫
（かに・ゆきお）**氏**
1986年に東京電力入社。豪州法人の社長を経て、13年執行役員。16年JERA常務、19年から副社長。事業開発担当としてLNG調達や再生可能エネルギー開発などを担う。23年4月から会長グローバルCEO。

ＪＥＲＡへの金融機関の融資姿勢も変化しており、年金基金などの長期投資家の考えも変わってきた。

化石燃料価格はウクライナ危機で高止まりしている。円安でアンモニアなど次世代燃料の調達費も上がっているが、それでも発電用として活用を急ぐべきだ。商流と安全基準を早期に構築し、発電設備の設計も進めなければならない。コストに決断が左右されれば脱炭素の速度を落としかねない。（聞き手は向野崚）

インタビュー

再エネ＋原発が現実的

経済協力開発機構・原子力機関事務局長　ウィリアム・マグウッド氏

世界の温暖化ガス削減を本気で実現しようとすれば、再生可能エネルギーのみに依存するのは現実的ではない。原子力発電と組み合わせて使う必要がある。国連の気候変動に関する政府間パネル（ＩＰＣＣ）が「１・５度特別報告書」で示した、50年に温暖化ガス排出を実質ゼロにするための多数のシナリオからも言えることだ。

それらは、原発の発電設備容量を平均して現状の約3倍に増やす必要性を指摘した。既存炉と新しい炉を組み合わせれば可能な水準だ。

（2022年12月24日）

ロシアによるウクライナ侵攻も、気候変動対策のあり方に劇的な影響を及ぼした。当然と考えられていた電力の安定供給が揺さぶられ、我々はエネルギー安全保障の脆弱性に気付かされた。天候に左右されない安定した電源として、原発の有用性が再認識された。

多くの国において、原発の増設は脱炭素とエネルギー安全保障を同時に達成するのに役立つ。我々の経済分析では、原発と再生エネを組み合わせて使うのが、脱炭素を実現するもっとも安価な方法であるとの結果も得られている。

原発建設の初期投資は大きいが、運転期間が長いので単位発電量あたりでは割安になる。ただ、フランスや米国など西側諸国では長年、新規原発の建設経験がない。人材を失いサプライチェーンも途絶えたことがコストの押し上げ要因となるが、定期的に建設できれば再び下がるだろう。

安全基準の厳格化がコスト増をもたらすと言われるのは、最新基準を過去に遡って適用するからだ。最初から新しい基準を織り込んで設計すれば、ずっと安価にできる。

現行基準は軽水炉の運転経験に基づいている。軽水炉は優れた技術だが、基準を満たすのに大きなコストがかかる。炉心溶融が起きえず、既存炉のような緊急時の防護システムが不要な第4世代炉が注目される。

第4世代炉に現行基準をそのまま適用するのは誤りで、技術やシステムとともに規制も柔軟に変わらねばならない。エネルギー安保の問題と気候危機の両方に直面している今こそ、原発も規制も進化すべきだ。

温暖化ガスの排出を実質ゼロにするうえで、既存炉をできるだけ長く使うことも選択肢となる。

適切な審査・管理の下でなら、運転期間を延長しても安全上の問題はない。米国では80年まで延ばせるとされ、100年でも可能だという人もいる。

事故を起こした東京電力福島第1原発が今も周囲に危険を及ぼす状況だったなら、日本での新設は困難だろう。しかし現場の大変な努力により、危険な事態が起きる可能性は劇的に低下した。5年前と比べても大変な改善がみられる。

ウィリアム・マグウッド
(William Magwood)**氏**
米カーネギーメロン大卒、ピッツバーグ大修士(芸術学)。米エネルギー省や原子力規制委を経て2014年から現職。福島第1原発事故処理で日本政府に助言してきた。

国民の理解を得るには人々が専門家に質問し、懸念を伝える場を設けなければならない。自分たちの考えが原発政策に反映されていると感じられるようにすべきだ。時間を要し説明する側の精神的な負担も大きいが、継続する必要がある。規制当局も自らの役割を話し、人々の疑問に答えることが大切だ。(聞き手は編集委員　安藤淳)

第9章

再エネテックの波

脱炭素の有望技術「再エネテック」。
日本が開発段階で先頭集団にいるケースは少なくない。
これまで逆転を許すことが多かった普及期に生産支援だけでなく、
家庭や企業が導入するインセンティブを高めて市場をつくり、
産業として育てられるか。
ゲームチェンジャーになりえる技術を生かす政策が重要になる。
遅れは成長の機会を逸するどころか、国家の衰退につながる。

1 貼る太陽光で覇権争い
──日本発技術、量産は中国先行

（2023年6月5日）

原発6基分「国産化」急ぐ

ウクライナ危機に端を発するエネルギー危機は化石燃料に依存するリスクを改めて浮き彫りにした。脱炭素に加え、エネルギー安全保障の面からも再生可能エネルギーの拡大が国や企業の命運を左右する。急速に進化する再エネテックの最前線で何が起きているのか。

日本経済新聞は専門家の意見も参考に太陽光、風力、水素、原子力発電所、二酸化炭素（CO_2）回収の5つの分野で注目される11の脱炭素技術の普及時期を検証した。

実用化が近づくものが目立つなか、ゲームチェンジャーになりうるのが次世代の太陽電池「ペロブスカイト型」だ。

主要7カ国（G7）が2023年4月の気候・エネルギー・環境相会合で採択した共同声明。浮体式洋上風力発電などと並ぶ形で「ペロブスカイト太陽電池などの革新的技術の開発を推進する」と記された。声明で具体名が盛り込まれたのは初めてだ。

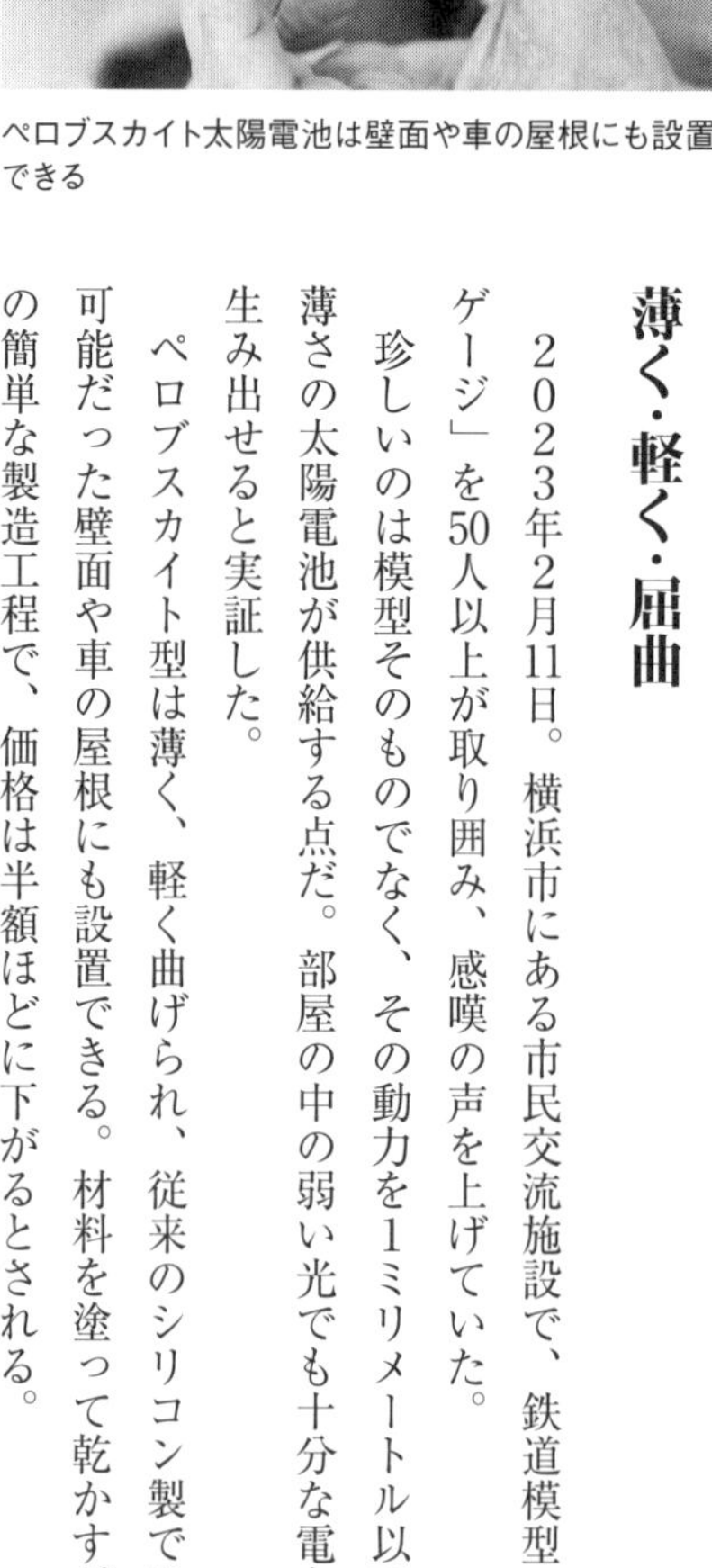

ペロブスカイト太陽電池は壁面や車の屋根にも設置できる

薄く・軽く・屈曲

２０２３年2月11日。横浜市にある市民交流施設で、鉄道模型「Ｎゲージ」を50人以上が取り囲み、感嘆の声を上げていた。

珍しいのは模型そのものでなく、その動力を１ミリメートル以下の薄さの太陽電池が供給する点だ。部屋の中の弱い光でも十分な電力を生み出せると実証した。

ペロブスカイト型は薄く、軽く曲げられ、従来のシリコン製では不可能だった壁面や車の屋根にも設置できる。材料を塗って乾かすだけの簡単な製造工程で、価格は半額ほどに下がるとされる。

日本は山間部が多く、従来の太陽光パネルの置き場所が限られる。東京大学の瀬川浩司教授の試算ではペロブスカイトなら２０３０年時点の設置可能面積は最大４７０平方キロメートルと、東京ドーム１万個分になる。発電能力は６００万キロワットと原発６基分に相当する。

桐蔭横浜大学の宮坂力特任教授が発明した日本発の技術だが、量産で先行したのは中国企業だ。大正微納科技は江蘇省の拠点に８０００万元（約16億円）を投じて生産能力が年1万キロワットのラインをつくり、22年夏から量産を始めた。23年には生産能力を10倍にする。

宮坂氏は海外での特許出願手続きに多額の費用がかかるため、基礎的な部分の特許を国内でしか取得

資源高で再生エネ・石炭両方の活用が増えた

ガス、石炭、石油価格高騰

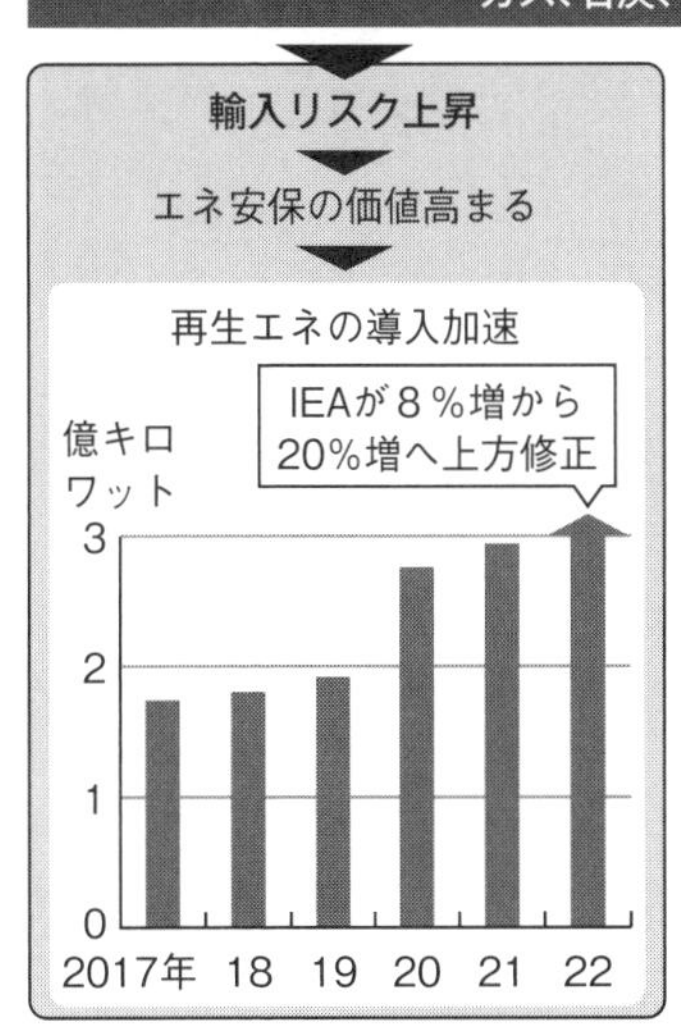

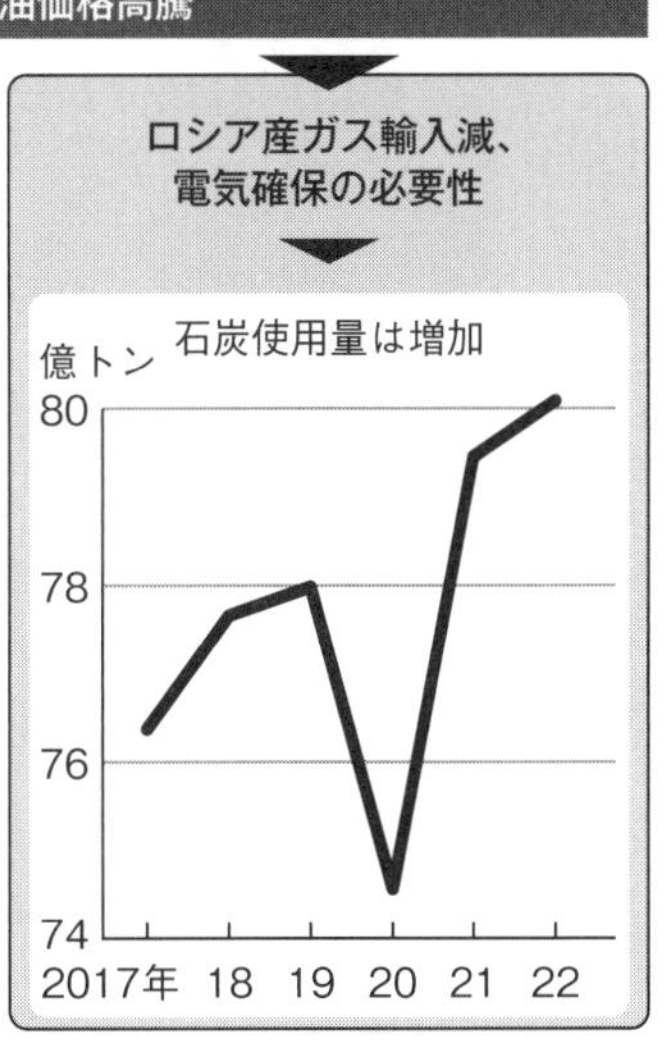

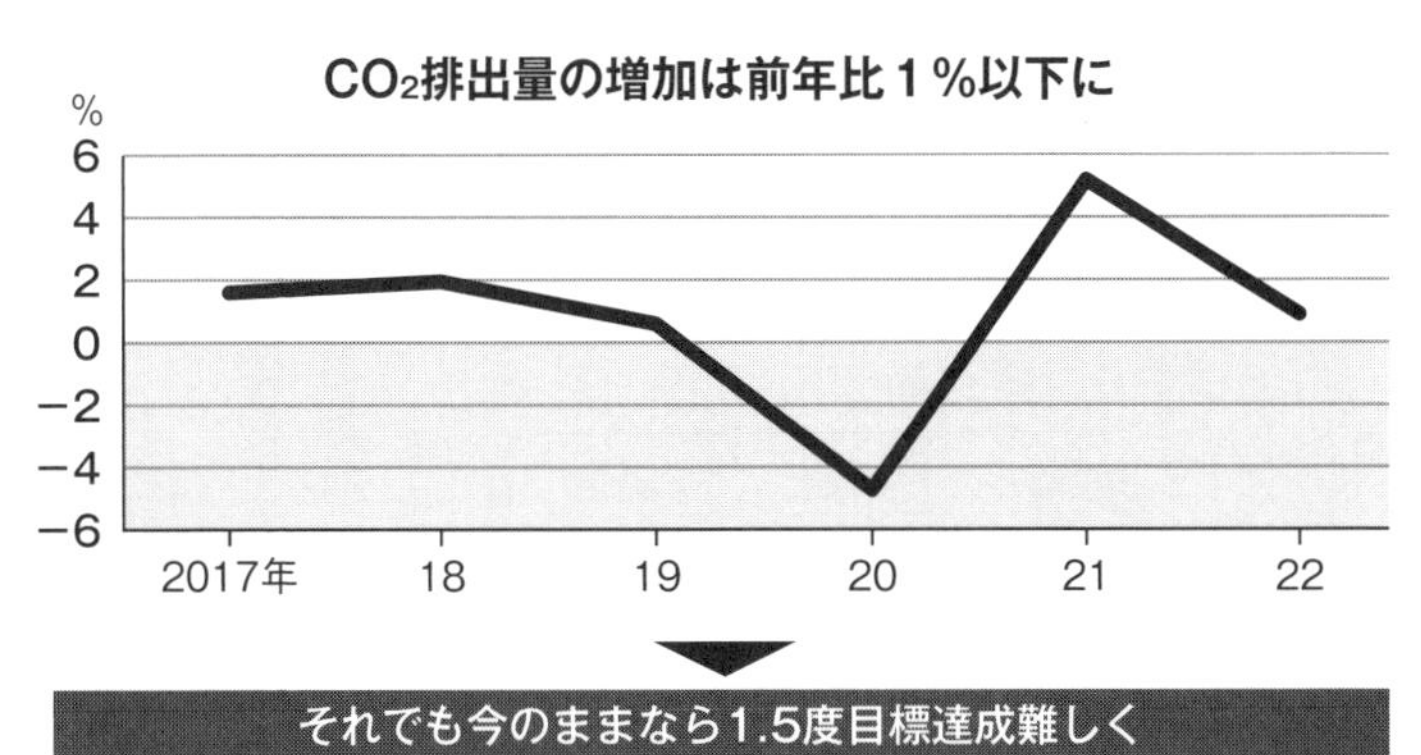

（出所）IEA、グローバルカーボンプロジェクト

次世代エネルギーの開発と普及時期

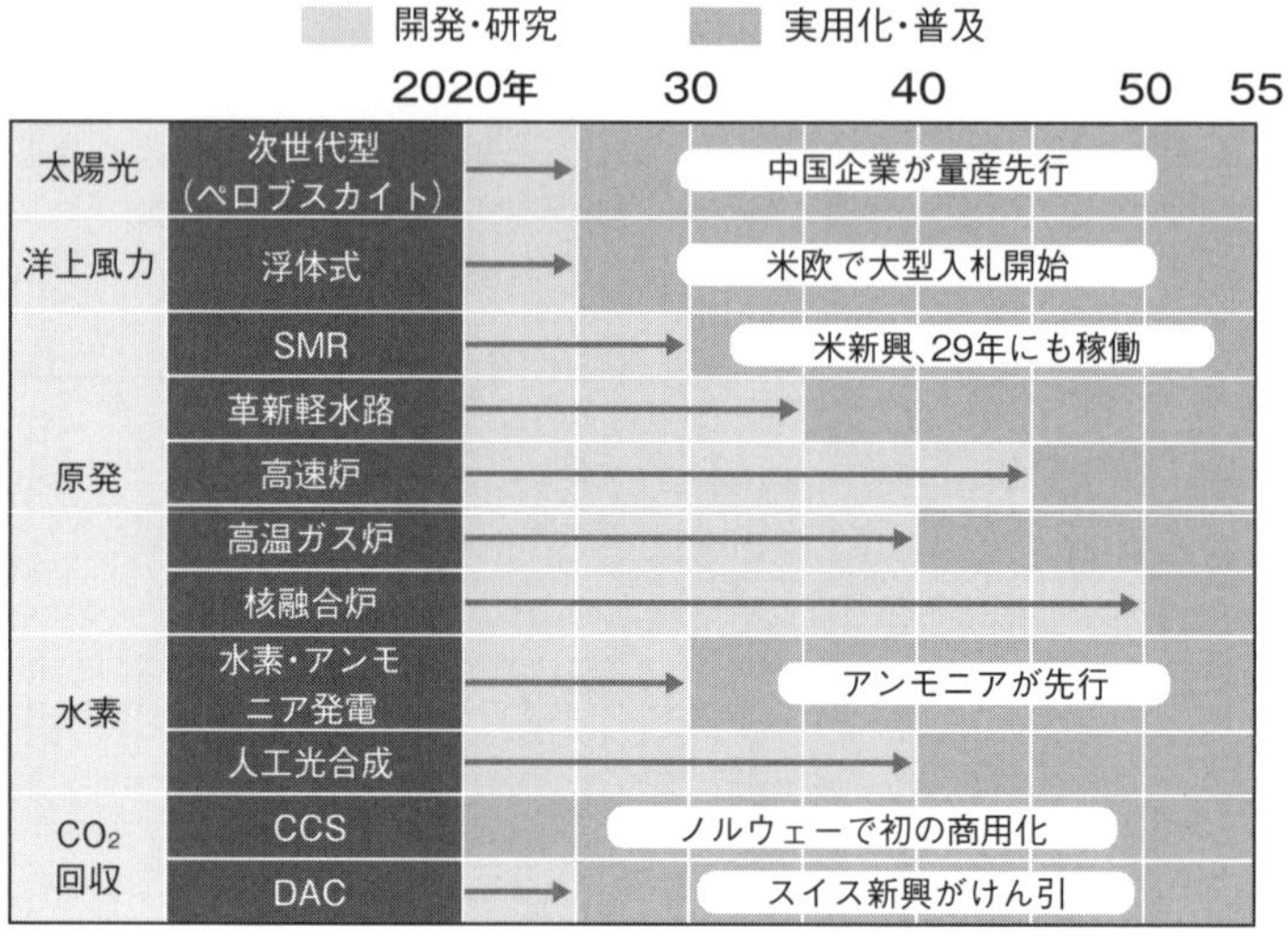

（注）SMRは小型モジュール炉、CCSはCO_2の回収・貯蓄、DACはCO_2を直接回収する「ダイレクト・エア・キャプチャー」を指す

しなかった。海外勢が特許使用料を支払う必要がなかったことも先行を許す一因となった。

日本でも積水化学工業やカネカが25年以降の量産を計画し、東芝やアイシンも事業化をめざす。ただ宮坂氏は「本来、この分野をリードすべき日本の大手電機メーカーは腰が重い」と話す。

世界で投資加速

似たような光景は過去にもあった。

従来の太陽光パネルも開発・実用化で先行し00年代には京セラやシャープなどの日本勢が世界で50%のシェアを持った。国などからの補助を受けた中国企業が低価格で量産し、今では市場シェアの8割超を握り、日本勢の多くは撤退した。

ウクライナ危機後、再生エネは「国産エ

ネルギー」として存在感を増した。ペロブスカイト型が普及する際に日本がパネルを輸入に頼れば、本質的な「国産」とはなりにくく、エネ安保の死角になる可能性がある。

世界では投資競争が加速する。米調査会社ブルームバーグＮＥＦの報告書によると、再生エネや原子力といった低炭素エネルギー技術への企業・金融機関などの投資額は22年に最高の１兆１１００億ドル（約１６０兆円）。前年から３割増えた。

中国がおよそ半分の76兆円、米国が20兆円と２番目に多い。ドイツ、フランス、英国に続く日本は３兆円だ。

脱炭素で有望な11の技術のうち、ペロブスカイト型や浮体式の洋上風力発電など、半分弱は日本が開発段階では先頭集団にいる。

これまで逆転を許すことが多かった普及期に生産支援だけでなく、家庭や企業が導入するインセンティブを高めて市場をつくり、産業として育てられるか。光る技術を生かす政策が重要になる。

2

脱炭素実現は蓄電池が左右

――「価格4分の1」で壁突破

（2023年6月6日）

オーストラリア南部の南オーストラリア州。豊かな自然やワインで有名な州はいま、再生可能エネルギーの普及で世界の先頭を走る。太陽光と風力の発電量は州の年間需要157億キロワット時の約6割に相当。2030年にはすべての需要を賄い、50年には需要の5倍の供給能力を備えて州外への「輸出」も見据える。

再エネの普及を支えるのが、つくった電気をためこむ蓄電池だ。米テスラなど蓄電大手は商機とみて同州に相次ぎ進出し、再エネ・蓄電池関連の投資は60億豪ドル（約5500億円）を超えた。23年には新たな施設が稼働し、同州の蓄電能力は一気に2倍超に高まる。

南オーストラリア州は蓄電池導入で再生エネを拡大する（仏ネオエンが運営するホーンズデール・パワー・リザーブ）

「捨てる」を回避

電気は需要と供給が常に一致しなければ周波数や電圧が狂い停電につながる。再エネの発電量は天候で変動し、再エネの比率が高ま

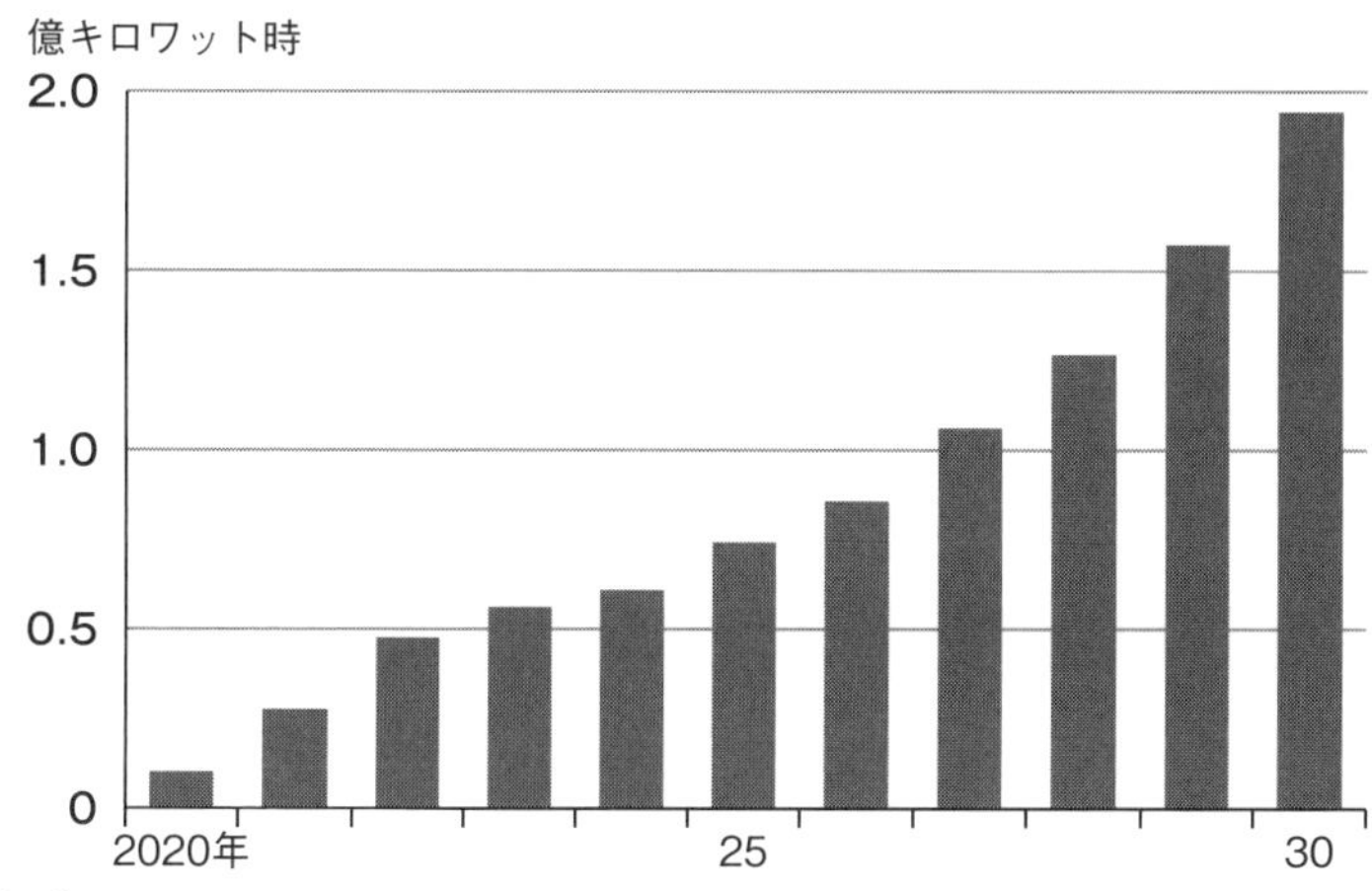

（出所）ウッドマッケンジー

るほど変動幅は大きくなる。電気が余った時にためて足りない時に放出する蓄電池で変動をならす。

16年9月には悪天候で再エネの発電量が減ってブラックアウト（全域停電）が起きた。それでも火力発電に回帰せず、蓄電池拡大で再エネの弱点を補った。州政府の元高官は「再エネの周波数や電圧の管理は発電量を増やす以上に重要。停電を起こす急激な変動を避けるために蓄電池は欠かせない」と話す。

英調査会社ウッドマッケンジーは電力網につなぐ蓄電池は30年に世界で1億9400万キロワット時と20年比で19倍に膨らむとみる。各国で再エネが普及し、電気を「捨てる」のを避けようと蓄電投資が増える。

それでもいまの蓄電池の国際流通価格（1キロワット時で約4万円）では再エネを柱に脱炭素を実現するにはまだ高い。

日本で再エネ90%、残り10%を温暖化ガスを排出

蓄電池が安くなれば発電コストの上昇を抑えられる

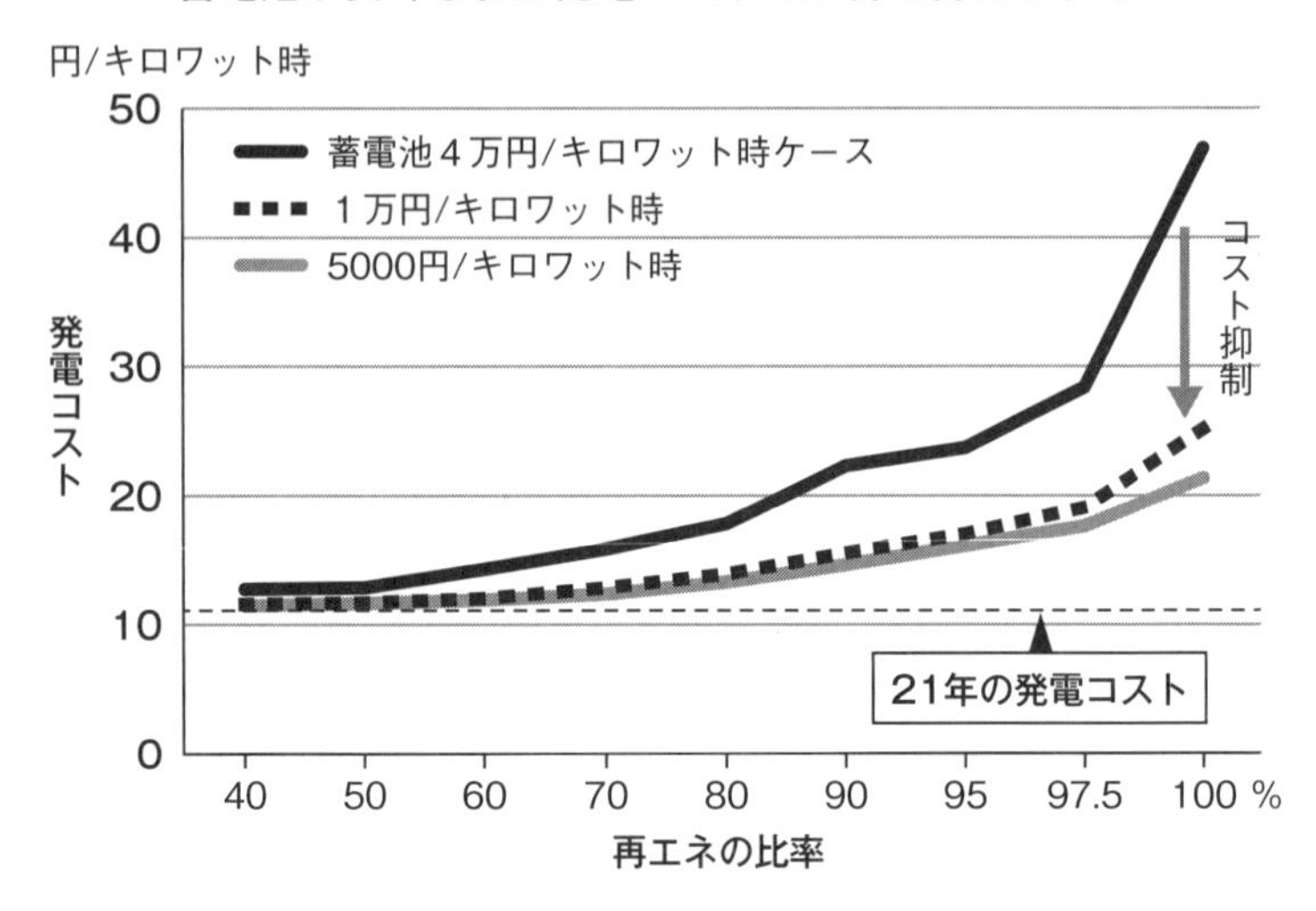

（注）立命館アジア太平洋大学の松尾雄司准教授の論文などを基に日経推計

しない水素火力発電で補う場合、蓄電池が大量に必要になるため、現状の価格なら日本の発電コストは2倍になる。仮に蓄電池が1万円に下がれば上昇幅は4割、５０００円なら3割に抑えることができ、電源構成として現実的な選択肢になる。日本経済新聞が21年時点の発電コストをもとに立命館アジア太平洋大学の松尾雄司准教授の論文から試算した。

ＥＶや岩石活用

国際エネルギー機関（ＩＥＡ）による世界の脱炭素シナリオも50年の再エネ比率を8～9割とみる。脱炭素と経済性の両立には、電力網に蓄電池をいかに安く導入するかがカギとなる。

有望なのが急速に普及する電気自動車（ＥＶ）の活用だ。世界で個人が所有する車の9割は駐車場にとまっている。ＥＶを「電池」とみなして電力網につなげば、蓄電投資を抑制できる。

ＩＥＡの予測では30年に世界のＥＶとプラグインハイブリッド車（ＰＨＶ）は合計で最大3億5千万台になる。英政府は国内で30年にＥＶの半数が送電網に接続すれば、原発16基分の１６００万キロワットもの電気を補う効果があると試算する。

ＥＶは主流のリチウムイオン電池を載せるが、それ以外の蓄電技術の開発も盛んだ。独シーメンス・エナジー子会社のシーメンス・ガメサ・リニューアブル・エナジーは岩石を熱してエネルギーをためる技術を開発した。

独ハンブルクにあるシーメンス・ガメサの岩石蓄電の実証施設（19年11月）

コンクリートの建物内に並べた大量の小石に熱を蓄え、水蒸気を出して発電タービンを回す。１００万キロワット時の電気を1～2週間蓄える。コストは従来の蓄電池の5分の1になる。20年代半ばの商用化を目指す。

ＥＶを組み込むことができる柔軟な電力システムになっているか。どんな蓄電の技術を開発し、どこまでコストを下げられるか。脱炭素時代の電力は蓄電を制するものが覇者となる。

3

風力の本命「浮体式」

——革新再び、大規模開発競う

（2023年6月7日）

サプライチェーン（供給網）を米国に呼び戻し、米国は浮体式洋上風力でリーダーになる——。

2023年3月、米エネルギー省は洋上風力の普及に向けた戦略を公表した。現在は数万キロワットにとどまる発電容量を、2050年には原子力発電所110基分に当たる1億1000万キロワットまで引き上げる野心的な目標を掲げた。

米国の22年の発電量のうち風力は1割程度。洋上風力で出遅れ、風力の発電量の世界シェアでも20％と欧州（27％）に負けていた。

大量導入のカギ

巻き返しのカギが、大規模な商用化の事例がない「浮体式」だ。世界では基礎が海底に固定された「着床式」の普及が進む。遠浅の海には適するが、水深50メートル超の海域では難しい。大量導入には発電設備を海に浮かせる浮体式が欠かせない。

米国立再生可能エネルギー研究所によると、米国での浮体式の導入余地は着床式の2倍弱の28億キロワットに上る。エネルギー省のグランホルム長官は「最も潜在性のあるエネルギーだ」と強調する。

バイデン政権は大規模開発で35年までに浮体式の発電コストを現在より7割安い1キロワット時4・5セント（6円）に下げる。火力発電に対して価格競争力のある主力電源にし、関連産業を呼び込む。カナダの調査会社プレシデンスリサーチによると、世界の浮体式の市場規模は導入初期の30年でも約698億ドル（約10兆円）にも上る。自国で巨大な供給網を構築すれば、国力や産業を変える力を得る。シェール革命で資源大国の地位を回復した米国は、再生エネの分野でも再現を狙う。

洋上風力で先行する欧州も実用化を急ぐ。英スコットランド政府は世界最大級の浮体式の開発計画を打ち出した。約8000平方キロメートルの海域に2800万キロワットの洋上風力を開発する計画で、全体の約6割が浮体式だ。

大型クレーン船を使い、洋上で組み立てられる浮体式の風車（長崎県五島市の椛島付近）

欧州は10年代から先手を打ち、着床式で主導権を握った。風車メーカーはベスタス（デンマーク）とシーメンスガメサ・リニューアブル・エナジー（スペイン）で世界シェアの2割を持つ。供給網の構築で欧州の着床式の発電コストは、火力と遜色ない1キロワット時10円を下回る入札が相次ぐ。洋上風力最大手のオーステッド（デンマーク）がスコットランドの開発に参画するなど、浮体式でも価格競争力を磨き上げる。

アジアに商機

日本でも浮体式が動き始めた。長崎県五島列島の沖合。戸田建設が主体となり、小規模ながら日本初の本格的な浮体式の建設が始まった。巨大台風でも耐えられるか、知見を蓄積する。

海に浮かべる構造物の研究で知見を持つ大阪大学とも連携。25年にも自然災害に強い世界最大級の出力1万キロワットの浮体式の実証実験を行う。

日本は浮体式で巨大津波や台風への耐性を必須条件にしている。東京大学の鈴木英之教授は「欧州などでは台風や地震が無く、自然災害に強い設計が十分に考慮されていないこともある」と語る。日本の基準に合った浮体式を実用化できれば、海域の条件が近い韓国などアジアに売り込める。

「(日本も)浮体式ではまだルールを作るチャンスはある」。東京海上日動火災保険の洋上風力推進タスクフォースの小林宏章部長は強調する。日本は着床式が年内に2回目の入札が始まる段階だが、実績を着実に積み重ねれば勝機はある。

開発を競う欧米の視線の先にアジアがある。カーボントラストによると、アジアの浮体式の導入量は40年に原発30基分の約3000万キロワットに上り、欧州を超える見通し。巨大市場を取り込むことができれば、世界に展開できる新たな輸出産業を手にできる。浮体式を巡る戦いの行方は、産業の秩序を塗り替える可能性がある。

4

人工原油「合成燃料」
——航空・船舶の脱炭素の現実解

（2023年6月8日）

チリ最南端プンタ・アレナス。原住民の言葉で「強い風」を意味する「ハルオニ」と呼ばれるプラントで、世界初の合成燃料の量産が始まった。

製造した合成燃料を充填するポルシェ幹部ら

排出量9割減

合成燃料は再生可能エネルギー由来のグリーン水素と回収した二酸化炭素（CO_2）からつくる燃料で、「人工の原油」と言われる。ガソリンよりCO_2排出量を9割も減らせる。２０２７年までに車約１４００万台を満タンにできる年５億５０００万リットルを生産する。

開発を主導したのが、独フォルクスワーゲン（ＶＷ）傘下のポルシェだ。「電気自動車（ＥＶ）は持続可能な輸送の最良な解決策だが、既存のエンジン車についても考えないといけない」。ＶＷのオリバー・ブルーメ社長は強調する。

高級車にはエンジン車を好むユーザーが多いほか、充電インフラの整備が遅れている地域もある。EVの移行期にエンジン車と脱炭素を両立するには、合成燃料が有力な手段になるとみる。

2023年3月、追い風が吹いた。欧州連合（EU）は35年にエンジン車の新車販売を禁じる方針を打ち出していたが、合成燃料を利用する場合に限り容認する方針に転じた。ポルシェなどの訴えを受けたドイツが、EVの完全移行に待ったをかけた。

割高なコストの低減につながる動きも出てきた。ポルシェは本格量産後のコストをガソリンより高い1リットル約2ドル（約280円）と想定する。カギが航空業界の脱炭素の本命である再生航空燃料（SAF）への活用だ。

2023年4月25日、EU各国で構成する閣僚理事会と欧州議会は、50年にSAFのうち半分を合成燃料にする方針を打ち出した。

各国が争奪戦

航空業界は電動化は難しい。50年に目標とするCO_2の排出量実質ゼロの達成には、世界のジェット燃料の大半の4・5億キロリットルをSAFに替える必要がある。

SAFの原料は廃食油などが主流で、量の確保が難しい。EUは大量生産できる合成燃料が有望と判断した。

企業も乗り出す。「デンマークの国内線を合成燃料のみで運航する目標に近づいた」。デンマークの再生エネ大手、ヨーロピアンエナジーは合成燃料の製造を決めた。触媒技術で強みを持つ米バーティマスと連携しコストを下げる。

航空向けの合成燃料の価格はジェット燃料の10倍以上する見通しだが、利用が増えれば、規模の経済が働く。自動車向けのコスト低減にも波及する可能性がある。

船舶でも合成燃料を脱炭素の現実解とみて広がる。デンマークのオーステッドが米国で合成燃料を製造。コンテナ船大手APモラー・マースクに供給する契約を結んだ。

エネルギー転換は地政学のバランスを変えるパワーゲームでもある。産油国もポスト石油の一つとして合成燃料で仕掛けている。

サウジアラビアの国営石油会社のサウジアラムコは15億ドル規模のファンドを設立し、合成燃料などへの技術投資を支援する。サウジは大規模な太陽光発電を導入でき、グリーン水素などの大量生産が可能だ。オイルマネーを武器に、コスト面で高い競争力を持つ。利権を手放すまいとあらゆる次世代燃料に手を伸ばし、供給者としての主導権の維持をもくろむ。

脱炭素のイノベーションは飛び級で進む。ロンドン・スクール・オブ・エコノミクスのニコラス・スターン教授は「5年間で重要なグリーンテクノロジーの半分以上が（進展して）転換点を迎え、主な市場で競争力を持つ」と指摘する。遅れは成長の機会を逸するどころか、衰退につながる。

国力と産業をけん引できる強力なカードを握れるか。国の野心もぶつかる再生エネのテック競争を制する者が、世界を制する。

「第4の革命　カーボンゼロ」取材班

原田逸策、横山雄太郎、飯山順、加藤宏志、大瀧康弘、深野尚孝、花房良祐、竹内康雄、深尾幸生、比奈田悠佑、鳳山太成、大島有美子、松本史、篠崎健太、佐藤浩実、奥津茜、松本裕子、塙和也、岩井淳哉、小川和広、小太刀久雄、重田俊介、亀真奈文、藤本秀文、若杉朋子、大平祐嗣、工藤正晃、杉垣裕子、湯沢維久、向野崚、斎藤一美、谷井彩乃、田村明彦、佐藤季司、桑山昌代、奈須知子、小谷裕美、中尾悠希、渡辺健太郎、鎌田健一郎、千葉大史、朝田賢治、柘植衛、大本幸宏、福本裕貴、岩野恵、草塩拓郎、三隅勇気、川手伊織、細川幸太郎、佐竹実、花田幸典、湯前宗太郎、山中博文、平嶋健人、高崎雄太郎、新井惇太郎、宮沢翔、横山龍太郎、吉田知弘、中山修志、宮本岳則、森山有紗、中島裕介、江渕智弘、小川知世、岐部秀光、前田尚歩、中村元、木原健一郎、高城裕太、野毛洋子、宮本英威、佐藤未乃里、久門武史、安藤淳、栗本優、外山尚之、林英樹、田村修吾、福冨隼太郎、古賀雄大

写真：日本経済新聞社　ほか

第4の革命　カーボンゼロ

2023年9月25日　1版1刷

編　者	日本経済新聞社
	© Nikkei Inc., 2023
発行者	國分正哉
発　行	株式会社日経BP
	日本経済新聞出版
発　売	株式会社日経BPマーケティング
	〒105-8308　東京都港区虎ノ門4-3-12
ブックデザイン	野網雄太
本文組版	朝日メディアインターナショナル
印刷・製本	三松堂

ISBN978-4-296-11303-3 Printed in Japan

本書籍に関するお問い合わせ，ご連絡は下記にて承ります。
https://nkbp.jp/booksQA